Problemas de riegos y drenajes para ingeniería agronómica

Problemas de riegos y drenajes para ingeniería agronómica

José Roldán Cañas

Emilio Camacho Poyato

Juan Antonio Rodríguez Díaz

UCOPress
Editorial Universidad de Córdoba

Problemas de riegos y drenajes para Ingeniería Agronómica – Córdoba: UCOPress. Editorial
Universidad de Córdoba, 2026
17 x 24 cm, 280 pp. il. color
THEMA: TNF
José Roldán Cañas, Emilio Camacho Poyato, Juan Antonio Rodríguez Díaz

ISBN: 978-84-9927-958-9
e-ISBN (pdf): 978-84-9927-959-6
DOI: https://doi.org/10.21071/000076
DL: CO 151-2026

Esta editorial es miembro de la UNE, lo que
garantiza la difusión y comercialización de sus
publicaciones a nivel nacional e internacional.

Maquetación: UCOPress. Editorial de la Universidad de Córdoba

Impresión: Grafer Impresores, S. L. - Tel.: 957 326 627

Impreso en papel ecológico

Impreso en España . Printed in Spain

ÍNDICE

INTRODUCCIÓN

En 2024 UCOPress publicó el libro *Problemas de hidráulica para ingeniería agronómica y forestal* en el que participaron dos de los profesores firmantes de este nuevo texto. Para un estudiante de ingeniería agronómica, el uso fundamental de las enseñanzas de hidráulica está destinado a su aplicación en el campo del riego y del drenaje. Es por ello por lo que el libro de problemas de hidráulica se quedaría incompleto si no se acompañara de este nuevo texto que ayudará al estudiante a darle un sentido más aplicado.

El mundo del riego y del drenaje es particularmente interesante para el estudiante de ingeniería agronómica pues es el único que reúne en sus enseñanzas los conocimientos necesarios sobre el sistema suelo-planta atmósfera y sobre la posterior aplicación del agua a los cultivos lo que amplia notablemente sus salidas y competencias profesionales.

El libro está dividido en seis capítulos dedicados a los aspectos más relevantes de la práctica del riego acorde con los temas tratados en sus enseñanzas teóricas. El número de problemas es de 36, estando la mayoría, 29, dedicados a los tres grandes métodos de aplicación de agua: por superficie, aspersión y localizado. El libro se acompaña de 10 anexos donde se incluyen figuras y tablas de uso necesario en la resolución de los diferentes problemas.

Esta colección es el resultado del trabajo llevado a cabo por los firmantes de este libro durante muchos años de enseñanzas de riegos en la Escuela Técnica Superior de Ingeniería Agronómica y de Montes de la Universidad de Córdoba. Nos gustaría resaltar también la contribución en el desarrollo de esta recopilación de otros profesores de riegos ya jubilados como Alberto Losada Villasante y Miguel Alcaide García.

Los autores

1. LA PRÁCTICA DEL RIEGO

1. A efectos prácticos del riego de una parcela de 250x200 m, se han aceptado las estimaciones que siguen:

- Consumo hídrico teórico: 1800 m³/ha·mes
- Unidad funcional de riego: canteros de 25 x 50 m, para inundación
- Rendimiento en sistema de distribución (acequia revestida): 100%
- Rendimiento de aplicación (en parcela): 69,44%
- Módulo de aplicación: 40 L/s
- Gasto aforado en pozo: 5 L/s
- Depósito disponible para regulación del módulo: 126 m³

Considérese que el suelo a regar tendrá una profundidad útil de 0,50 m, uniforme, con una densidad aparente de 1,44, relativa a la del agua, y que su capacidad de retención eficaz señala un 10 % gravimétrico para el agua que se consume entre dos riegos sucesivos.

Estimar:

1) El caudal continuo necesario para el riego de la parcela (24 horas al día durante 30 días).

2) El plan de riegos que podría adoptarse para distribuir el agua alumbrada del pozo disponible.

3) El agua consumida por evapotranspiración al cabo de un mes y por cada riego.

4) Las pérdidas.

5) La altura de lluvia que sería necesaria para sustituir un riego.

6) Tiempo que se tardará en aplicar un riego a cada unidad operativa.

7) Intervalo entre riegos.

SOLUCIÓN:

1)

$$Necesidades\ brutas\ =\ \frac{Necesidades\ teóricas}{Rendimiento\ de\ aplicación}\ =\ \frac{1800\ m^3\ /ha\cdot mes}{0,6944}\ =$$

$$2592\ m^3\ /ha\cdot mes$$

$Caudal\ continuo\ =\ q_c$

$$=\ 2592\ \frac{m^3}{ha\cdot mes}\cdot 250\cdot 200\ m^2\ \frac{1\ ha}{10000\ m^2}\cdot \frac{1\ mes}{30\ días\ \frac{24\ h}{1\ día}}$$

$$\cdot \frac{1\ h}{3600\ s}\cdot \frac{1000\ L}{m^3}\ =\ 5\ L/s$$

Como puede observarse, el pozo abastece el caudal necesario para el riego de la parcela. Habitualmente el caudal ficticio continuo se expresa en L/s · ha:

$$q_c\ =\ 5\frac{L}{s}\cdot \frac{1}{250\cdot 200\ m^2}\cdot \frac{10000\ m^2}{1\ ha}\ =\ 1\ L/s\cdot ha$$

2) Puesto que el caudal disponible es de 5 L/s y el módulo de aplicación es de 40 L/s, se hace necesario disponer de un depósito de regulación.

El volumen total bombeado desde el pozo en un día será:

$$V_T\ =\ 5\ L/s\cdot 24\ h/día\cdot 3600\ s/1\ h\ =\ 432000\ L\ =\ 432\ m^3$$

Este volumen podría aplicarse en el riego, pero con un módulo de 40 L/s. El tiempo necesario para aplicar este valor será:

$$\frac{432000\ L/día}{40\ L/s}\ =\ 10800\ s/día\ =\ 3\ h/día$$

Pero como el depósito solo tiene capacidad para 126 m³ < V_T, la aplicación del agua no podría hacerse de forma continua durante las tres horas. Hay que determinar el tiempo máximo durante el que se aplica de forma continua 40 L/s. Como en el depósito están entrando 5 L/s procedentes del pozo y salen 40 L/s, es equivalente a decir que salen 35 L/s. El tiempo máximo de riego será:

$$t_{máx\,riego} = \frac{126000\,L}{35\,L/s} = 3600\,s = 1\,h$$

El tiempo necesario para llenar el depósito será:

$$\frac{126000\,L}{5\,L/s} = 7\,h$$

En total, el tiempo de riego o vaciado del depósito (1 h) más el de llenado de depósito (7 h) dura 8 h. Por tanto, podemos hacer 3 operaciones de riego al día.

3) Agua consumida al mes:

$$1800\,\frac{m^3}{ha\cdot mes} \cdot 250 \cdot 200\,\frac{m^2}{parcela} \cdot \frac{1\,ha}{10000\,m^2} = 9000\,\frac{m^3}{parcela\cdot mes}$$

El agua consumida por ET en cada riego será la cantidad de agua que el suelo es capaz de retener entre dos riegos consecutivos. Esto es la dosis o lámina de riego, puesto que será la que hay que reponer en la siguiente aplicación:

$$Dosis\ de\ riego = Volumen\ suelo \cdot D_a\ suelo \cdot \%\ gravimétrico\,\frac{1}{D_a\ agua}$$

$$= Volumen\ agua$$

$$Dosis$$
$$= (250 \cdot 200 \cdot 0,5)\,\frac{m^3\ suelo}{parcela} \cdot 1440\,\frac{kg\ suelo}{m^3\ suelo} \cdot 0,1\,\frac{kg\ agua}{kg\ suelo} \cdot \frac{1}{1000\,\frac{kg\ agua}{m^3\ agua}}$$

$$= 3600\,\frac{m^3\ agua}{riego\ parcela}$$

El número de riegos al mes será:

$$N^o\ riegos\ =\ \frac{Agua\ total\ consumida}{Agua\ consumida\ en\ 1\ riego}\ =\ \frac{9000\ m^3/mes}{3600\ m^3/riego}$$
$$=\ 2,5\ riegos/mes$$

Expresando la dosis en m^3/ha:

$$Dosis\ =\ 3600\ \frac{m^3}{parcela}\ \cdot\ \frac{1\ parcela}{250\ \cdot\ 200\ m^2}\ \cdot\ \frac{10000\ m^2}{1\ ha}\ =\ 720\ m^3/ha$$
$$=\ 0,072\ m\ =\ 72\ mm$$

4) El agua a aplicar en cada riego será:

$$720\ \frac{m^3}{ha \cdot riego}\ \cdot\ \frac{1}{0,6944}\ =\ 1037\ \frac{m^3}{ha \cdot riego}$$

Las pérdidas están representadas por la diferencia entre el agua aplicada y el agua retenida:

$$1037\ \frac{m^3}{ha \cdot riego}\ -\ 720\ \frac{m^3}{ha \cdot riego}\ =\ 317\ \frac{m^3}{ha \cdot riego}$$

El agua perdida en cada mes será:

$$317\ \frac{m^3}{ha\ riego}\ \cdot\ 2,5\ \frac{riego}{mes}\ =\ 792\ \frac{m^3}{ha \cdot mes}$$

5) Al 100% de rendimiento sería:

$$720\ \frac{m^3}{ha \cdot riego}\ \cdot\ \frac{1\ ha}{10000\ m^2}\ \cdot\ \frac{1000\ L}{1\ m^3}\ =\ 72\ \frac{L}{m^2 \cdot riego}\ =\ 72\ \frac{mm}{riego}$$

Al 69'44% de rendimiento:

$$72 \frac{L}{m^2 \cdot riego} \cdot \frac{1}{0,6944} = 103,7 \frac{L}{m^2 \cdot riego} = 103,7 \text{ mm/riego}$$
$$= 0,1037 \text{ m/riego}$$

6) Al aplicar un módulo de 40 L/s, el tiempo necesario para regar una unidad funcional de riego será:

$$1037 \frac{m^3}{ha \cdot riego} \cdot \frac{25 \cdot 50 \, m^2}{unidad \; riego} \cdot \frac{1 \, ha}{10000 \, m^2} \cdot \frac{1}{40 \, L/s} \cdot \frac{1000 \, L}{1 \, m^3} = 3240 \, s \cong 1 \, h$$

Luego, al día se podrán regar 3 unidades funcionales de riego.

El número de canteros en la parcela es:

$$\frac{250 \cdot 200 \, m^2/parcela}{25 \cdot 50 \, /cantero} = 40 \; unidades \; funcionales \; de \; riego$$

El tiempo necesario para regar la parcela sería:

$$\frac{40 \; unidades}{3 \; unidades/dia} = 13,33 \; días$$

Como el tiempo real de riego de un cantero es 3240 s en vez de 3600 s, y el tiempo total de riego es 8 h, se podría regar realmente:

$$3 \cdot \frac{3600}{3240} = 3,33 \; unidades \; al \; dia$$

Con lo cual, el tiempo necesario para dar un riego en toda la parcela sería:

$$\frac{40}{3,33} = 12 \; días/riego$$

7) El intervalo entre riegos sería:

$$30\,\frac{d\acute{\iota}as}{mes} \cdot \frac{1}{2,5\ riegos/mes} = 12\,d\acute{\iota}as/riego$$

2. FILTRACIÓN EN MEDIOS POROSOS

2. Un permeámetro de carga constante consiste en un cilindro de 0,05 m de diámetro en el que se coloca una muestra de suelo con diferentes alturas, L, al objeto de proceder a la realización de varias pruebas experimentales tendentes a la determinación de la conductividad hidráulica K. Una vez establecido un flujo permanente se mide volumétricamente el caudal. Para mayor seguridad, se repite esta prueba obteniéndose:

	$V \cdot 10^6 \, (m^3)$	$t \, (s)$
1	200	24,9
2	250	30,9

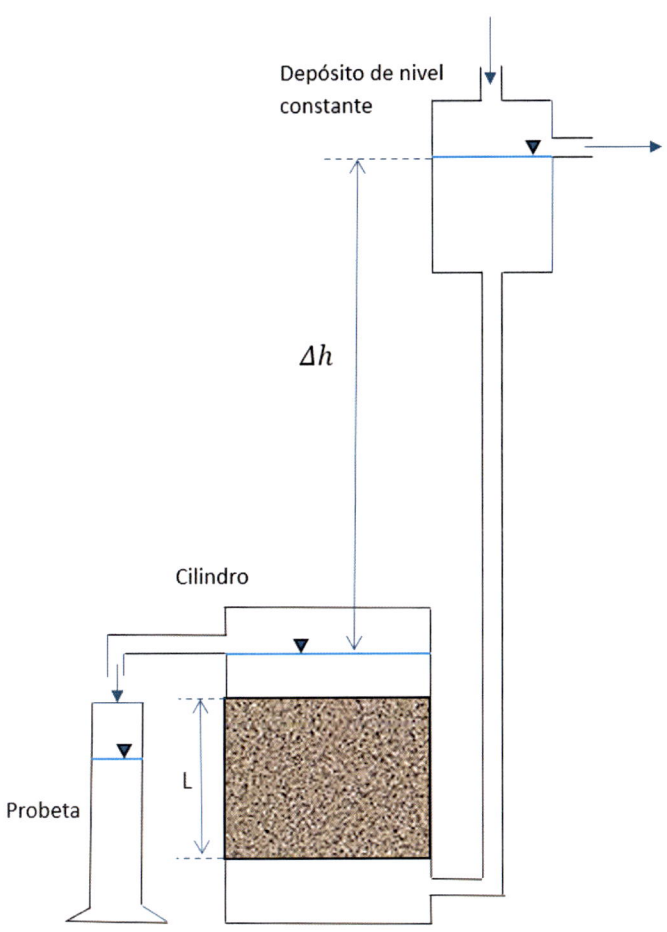

Para cada altura L es necesario modificar la diferencia de carga Δh para obtener el mismo caudal. Los resultados fueron:

L (m)	Δh (m)
0,388	0,750
0,288	0,520
0,187	0,310

Se pide:

1) Calcular la conductividad hidráulica.

2) Comparar este método con el de carga variable. ¿Cuál le parece más conveniente?

SOLUCIÓN:

1) La ecuación de Darcy en medios porosos saturados se escribe como:

$$Q = -k \cdot A \cdot \frac{\Delta H}{\Delta l} = -k \cdot A \cdot \frac{(-\Delta h)}{L} \qquad (2\text{-}1)$$

donde:

Q = caudal circulante por el permeámetro

K = conductividad hidráulica

A = sección transversal del cilindro del permeámetro.

ΔH =- Δh = variación de energía al pasar por el permeámetro.

De (2-1) se obtiene K:

$$K = \frac{Q \cdot L}{A \cdot \Delta h} \qquad (2\text{-}2)$$

donde:

$$A = \frac{\pi \cdot 0,05^2}{4} = 19,63 \cdot 10^{-4} \; m^2$$

Las dos medidas de caudal proporcionadas son:

$$Q_1 = \frac{200 \cdot 10^{-6} m^3}{24,9s} = 8,032 \cdot 10^{-6} \; \frac{m^3}{s}$$

$$Q_2 = \frac{250 \cdot 10^{-6} m^3}{30,9s} = 8,091 \cdot 10^{-6} \; \frac{m^3}{s}$$

Se adopta como caudal circulante el valor medio de ambos:

$$Q = \frac{Q_1 + Q_2}{2} = 8,0615 \cdot 10^{-6} \; \frac{m^3}{s}$$

De (2-2) para cada altura L y diferencia de carga Δh, se obtienen los siguientes valores de K:

L(m)	Δh(m)	$K \cdot 10^4$ (m·s^{-1})
0,388	0,750	21,25
0,288	0,520	22,74
0,187	0,310	24,74

Resultando un valor medio de:

$$K = 22,92 \cdot 10^{-4} \; \frac{m}{s}$$

2) Para casos en los que K sea muy grande es mejor usar el permeámetro de carga constate. Si K es pequeña el de carga variable es más adecuado ya que, aunque menos preciso, permite obtener más medidas y así eliminar posibles errores de experimentación que son porcentualmente más importantes cuando K es pequeña.

3. Un permeámetro de carga variable consiste en un cilindro de 0,05 m de diámetro en el que se coloca una muestra de suelo cuya altura es L = 0,388 m. El suministro de agua se hace a través de un tubo de 0,038 m de diámetro en la forma indicada en la figura. Experimentalmente, se han tomado las siguientes lecturas de las alturas de carga en los tiempos indicados:

Δh_0 (m)	Δh_t (m)	t (s)	Δh_0 (m)	Δh_t (m)	t (s)
0,80	0,75	7,5	0,45	0,40	13,5
0,75	0,70	7,7	0,40	0,35	14,9
0,70	0,65	8,3	0,35	0,30	16,6
0,65	0,60	8,9	0,30	0,25	20,8
0,60	0,55	10,2	0,25	0,20	25,4
0,55	0,50	10,8	0,20	0,15	32,4
0,50	0,45	11,6	0,15	0,10	45,3

Se pide:

Demostrar que la conductividad hidráulica se puede calcular por la expresión:

$$K = \frac{a \cdot L}{A \cdot t} \cdot Ln \frac{\Delta h_0}{\Delta h_t}$$

donde: **a** = área de la sección transversal del tubo de alimentación.

A = área de la sección transversal de la columna de suelo.

Calcular la conductividad hidráulica de ese suelo.

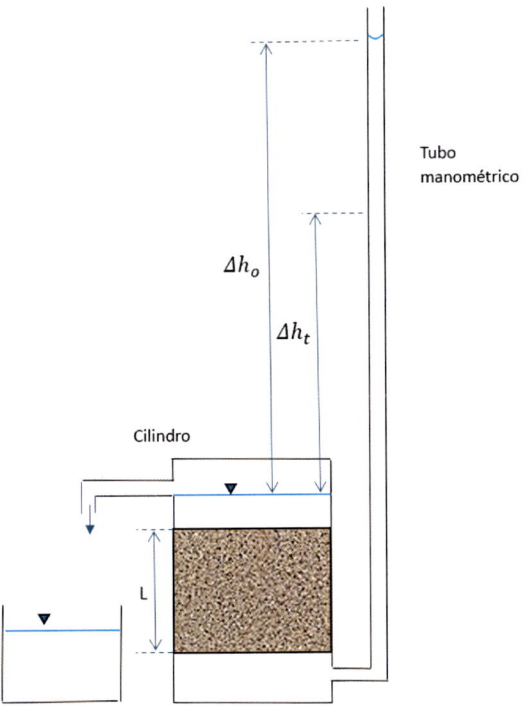

SOLUCIÓN:

El agua que pasa por la columna de suelo y la que circula por la columna vertical de alimentación de agua es la misma, una vez se alcanza el régimen permanente.

En el suelo es aplicable la ecuación de Darcy:

$$Q = -k \cdot A \cdot \left(\frac{-z}{L}\right) \qquad (3\text{-}1)$$

ya que

$$\Delta H = -\Delta h = -z = -z(t)$$

caída de energía al pasar por la columna de suelo que se corresponde con la diferencia de nivel entre el agua en el tubo y el agua al pasar por el suelo. Como se observa, z disminuye con el tiempo.

En la columna de agua, el caudal se calcula como el área multiplicado por la velocidad:

$$Q = \text{área} \cdot \text{velocidad} = a \cdot \left(-\frac{dz}{dt}\right) \qquad (3\text{-}2)$$

Igualando (3-1) y (3-2) e integrando:

$$\frac{K \cdot A \cdot z}{L} = -\frac{a \cdot dz}{dt} \Rightarrow \int_{\Delta h_0}^{\Delta h_t} \frac{dz}{z} = -\int_0^t \frac{A \cdot K}{a \cdot L} \cdot dt \Rightarrow Ln \cdot \frac{\Delta h_t}{\Delta h_0} = -\frac{A \cdot K}{a \cdot L} \cdot t$$

Y, por tanto,

$$K = \frac{a \cdot L}{A \cdot t} \cdot Ln \frac{\Delta h_0}{\Delta h_t} \qquad (3\text{-}3)$$

demostrándose la expresión del enunciado.

La ecuación (3-3) que se acaba de demostrar sirve para calcular la conductividad hidráulica K, teniendo en cuenta los valores experimentales de Δh_0 y Δh_t indicados en el enunciado:

Δh_0 (m)	Δh_t (m)	T (s)	$K \cdot 10^{-4}$ (m s^{-1})
0,80	0,75	7,50	19,29
0,75	0,70	7,70	20,08
0,70	0,65	8,30	20,01
0,65	0,60	8,90	20,62
0,60	0,55	10,20	19,12
0,55	0,50	10,80	19,78
0,50	0,45	11,60	20,36
0,45	0,40	13,50	19,56
0,40	0,35	14,90	20,09
0,35	0,30	16,60	20,81
0,30	0,25	20,80	19,65
0,25	0,20	25,40	19,92
0,20	0,15	32,40	19,90
0,15	0,10	45,30	20,06

Adoptándose como valor de K el valor medio de los obtenidos:

$$K = 19{,}95 \cdot 10^{-4} \; \frac{m}{s}$$

4. Estudiar la relación de Kostiakov y la familia de infiltración a que pertenece la curva $i_a(t)$ representada.

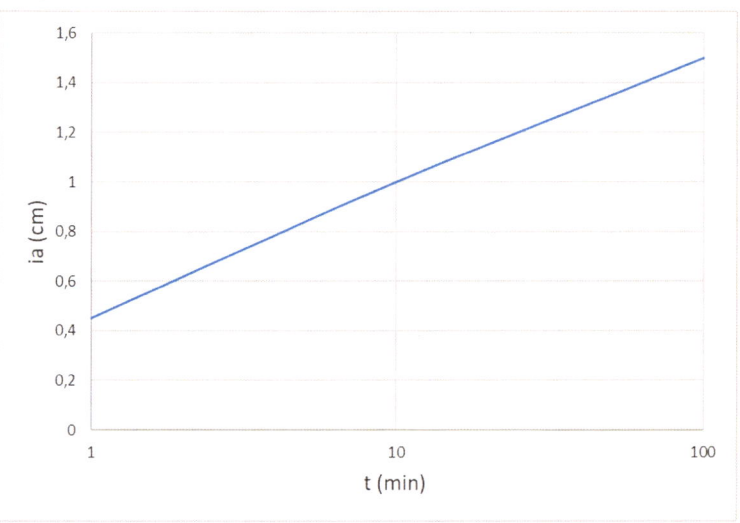

SOLUCIÓN:

La relación de Kostiakov se expresa como:

$$i_a = k \cdot t^a \qquad (4\text{-}1)$$

con:

$$K = i_a(t) \;\; cuando \; t = 1$$

$$a = log\frac{i_a(10 \cdot t)}{i_a(t)}$$

Como el gráfico dado proporciona i (cm) en función de t (min), estas serán las unidades que se usarán en (4-1). Por tanto, los de K serán:

$$Para \; t = 1min \Rightarrow i_a(t = 1) = 0,45cm \Rightarrow K = 0,45 \; cm \cdot min^{-a}$$

(obteniéndose i_a del gráfico)

$$Para\ t = 10\ min \Rightarrow i_a(t = 10) = 1cm$$

luego:

$$a = log\frac{1}{0,45} = 0,35$$

y la ecuación de Kostiakov resulta ser:

$$i_a = 0,45 \cdot t^{0,35} \qquad (4\text{-}2)$$

(i_a en cm y t en min)

Para estimar la familia de infiltración, I_F, a la que corresponde la curva $i_a(t)$ representada y dada por (4-2). se puede proceder dibujando en la figura 4-1, puntos (i_a, t) obtenidos a partir de (4-2) y viendo a qué curva se ajusta mejor.

Los puntos elegidos van a estar comprendidos entre los valores de i_a de 0,05 y 0,1 m ya que las dosis de riego más frecuentes se encuentran entre esos límites.

$$0,05\ y\ 0,1m <> 50\ y\ 100mm <> 500\ y\ 1000\ \frac{m^3}{ha}$$

De (4-2) se obtiene la siguiente tabla:

i_a(cm)	5	6	7
t(min)	972,5	1637,2	2543,2

En este caso concreto, como el gráfico llega hasta valores de 2500 mm (41,7 h), no se calculan los tiempos correspondientes a $i_a> 7$ cm. No obstante, obsérvese que cuando $i_a = 7$ cm, t = 2543 min = 42,4 h, valor ya de por si excesivo para infiltración.

Al representar estos valores (ver Anexo IA) resulta un IF = 0,05 ya que el primer punto se sitúa por encima, el segundo justo en ella y el tercero por debajo.

3. RIEGO POR SUPERFICIE

5. Diseñar un cantero de inundación adaptado a los siguientes datos:

H_r = 0,1 m
k = 8 · 10^4 m·$s^{-0,5}$
a = 0,5
n = 0,15
DU (o bien R_a) = 85%
Q_0 = 2,22 · 10^{-1} m^3·s^{-1}
B = 200 m

SOLUCIÓN:

El caudal unitario en el cantero es:

$$q_o = \frac{Q_o}{B} = 1{,}11 \frac{L}{s \cdot m} = 1{,}11 \cdot 10^{-3} \frac{m^3}{s \cdot m}$$

A partir de la ecuación de infiltración ($i_a = k.t^a$) se puede calcular el tiempo de contacto requerido para alcanzar la lámina requerida:

$$\tau_r = \left(\frac{H_r}{k}\right)^{1/a} = \left(\frac{0{,}1}{8 \cdot 10^{-4}}\right)^{1/0,5} = 15625 \; s$$

Ahora estamos en disposición de calcular las variables características o de referencia de caudal y longitud:

$$X_R = \frac{1}{n^{2/3}} H_r^{7/9} \tau_r^{2/3} = \frac{1}{0{,}15^{2/3}} 0{,}1^{7/9} \cdot 15625^{2/3} = 369{,}29 \; m$$

$$Q_R = \frac{H_r \cdot X_R}{\tau_r} = \frac{0{,}1 \cdot 369{,}29}{15625} = 2{,}36 \cdot 10^{-3} \frac{m^3}{s \cdot m}$$

Con la variable de referencia caudal se puede calcular el caudal normalizado o adimensional y puesto que la UD es conocida usamos el grafico que relaciona q^* y L^* para el valor de a=0,5 y se obtiene un valor de L^* (Anexo II).

$$q^* = \frac{q_o}{Q_R} = \frac{0,00111}{2,36 \cdot 10^{-3}} = 0,46$$

$$UD = 85\,\%$$

$$\Rightarrow L^* \approx 0,26 \Rightarrow L = L^* \cdot X_R \approx 96\,m$$

Por tanto, el tiempo de corte será:

$$t_{co} = \frac{L.H_r}{UD \cdot q_o} = \frac{96 \cdot 0,1}{0,85 \cdot 1,11 \cdot 10^{-3}} = 10174,8\,s = 2,82\,h$$

6. En un suelo enraizado cuyas características de infiltración se ajustan a k = 1,5 · 10⁴ m·s⁻ᵃ, a = 0,6 y cuya aspereza viene definida por n = 0,20 m⁻¹ᐟ³·s⁻¹, se desea comprobar el diseño de una unidad funcional de riego de longitud 150 m, conociendo:

- Dosis recomendada: H_r = 600 m³/ha
- Módulo unitario: q_0 = 5 · 10³ m²·s⁻¹
- Pendiente longitudinal: I_0 = 0

SOLUCIÓN:

A partir de la ecuación de infiltración ($i_a = k \cdot t^a$) se puede calcular el tiempo de contacto requerido para alcanzar la lámina requerida:

$$\tau_r = \left(\frac{H_r}{k}\right)^{1/a} = \left(\frac{0,06}{1,5 \cdot 10^{-4}}\right)^{1/0,6} = 21715,34 \; s$$

Las variables características o de referencia de caudal y longitud son:

$$X_R = \frac{1}{n^{2/3}} \cdot H_r^{7/9} \cdot \tau_r^{2/3} = \frac{1}{0,2^{2/3}} \cdot 0,06^{7/9} \cdot 21715,34^{2/3} = 255,17 \; m$$

$$Q_R = \frac{H_r \cdot X_R}{\tau_r} = \frac{0,06 \cdot 255,17}{21715,34} = 7,05 \cdot 10^{-4} \frac{m^3}{s \cdot m}$$

Con las variables anteriores se pueden obtener para nuestro cantero las variables adimensionales o normalizadas y con la gráfica del anexo II correspondiente a un valor de a=0,6 se obtiene lo siguiente:

$$L^* = \frac{L}{X_R} = \frac{150}{255,17} = 0,587$$

$$q^* = \frac{q_o}{Q_R} = \frac{5.10^{-3}}{7,05 \cdot 10^{-4}} = 7,09$$

$\Rightarrow$ se excede el límite de diseño máximo

Se puede actuar manteniendo L=150 m (L*=0,587) y disminuir q* hasta situarnos en la línea del límite máximo del gráfico. Con este criterio se obtiene un q*=2,1 y UD=87 %.

Conocido el valor del caudal normalizado se puede calcular el caudal unitario.

$$q_o = q^* . Q_R = 2,1 \cdot 7,05 \cdot 10^{-4} = 1,48 \cdot 10^{-3} \frac{m^3}{s \cdot m}$$

Es recomendable esta solución con aceptable UD y menor caudal. El tiempo de corte será:

$$t_{co} = \frac{L \cdot H_r}{UD \cdot q_o} = \frac{150 \cdot 0,06}{0,87 \cdot 1,48 \cdot 10^{-3}} = 6989,74 \, s = 116,49 \, min = 1,94 \, h$$

También podemos calcular la lámina bruta y la lámina de percolación.

$$H_b = \frac{H_r}{UD} = \frac{0,06}{0,87} = 0,069 \, m$$

$$H_p = H_b - H_r = 0,009 \, m$$

Para calcular las dimensiones de los lomos del cantero debemos calcular el calado máximo. Para ello vamos a usar el gráfico que relaciona y^*_{max} con q^* para el valor de a=0,6 (Anexo III).

$$\left. \begin{array}{l} q^* = 2,1 \\ \\ UD = 0,87 \end{array} \right\} \Rightarrow y^*_{max} = 1,18 \Rightarrow y_{max} = y^*_{max} . Y_R = 1,18 \cdot 0,0736 = 86,8 \, mm$$

Para determinar y_{max} hay que calcular previamente el calado de referencia con la siguiente ecuación:

$$Y_R = n^{3/8} \cdot q_o^{9/16} \cdot t_{co}^{3/16} = 0.2^{3/8} \cdot (1.48 \cdot 10^{-3})^{9/16} \cdot 6989.74^{3/16} = 0.0736 \ m$$

Una variable de manejo muy interesante es la distancia avanzada por el agua en el momento de corte. Gráficamente se puede determinar la denominada relación de corte a partir del valor de L* y UD para a=0,6 (Anexo IV).

L*=0,587

UD=0,87

$\Rightarrow$ R=0,83 $\quad X_{co} = R \cdot L = 0.83 \cdot 150 = 124.5 \ m$

7. Se quiere sistematizar en canteros de inundación de B = 30 m un terreno rectangular de 130 x 1500 m con pendientes transversal y longitudinal nulas.

Las necesidades del cultivo en el mes de máximo consumo se han estimado en 2520 m^3/ha. El suelo, de textura franco-arcillosa, tiene una densidad aparente de 1,35 g/cm^3 y unos valores de capacidad de campo y punto de marchitamiento (expresados en porcentaje gravimétrico) de 27% y 20% respectivamente. La profundidad de suelo explorada por las raíces es de 1 m. El suelo pertenece a la familia de infiltración definida por IF = 0,3. El factor de aspereza del suelo y cultivo es n = 0,15.

La acequia que conduce el módulo Q disponible para el riego recorre la longitud menor del terreno. El valor máximo de Q, que puede ser regulado en la cabecera de la acequia, es de $9 \cdot 10^{-2}$ m^3/s.

Se pide:

1) Dosis de riego recomendada.

2) Diseño de una unidad funcional de riego de modo que la uniformidad de distribución (UD) sea del 90%.

3) Calendario de riegos en el mes de máximas necesidades.

SOLUCIÓN:

1) La dosis práctica será: D_p

$$D_p = \frac{p \cdot da \cdot (C_c - P_m)}{15} = \frac{1(m) \cdot 1350\left(\frac{\text{kg}}{m^3}\right) \cdot (27 - 20)}{15} = 630 \frac{m^3}{ha}$$

$$d_r = 63 \text{ mm}$$

2) IF = 0,3

$$z = k \cdot t^a + c$$

Siendo

$$k = 4{,}8824 \cdot 10^{-5} \, \frac{m}{s^a}$$

$$a = 0{,}721$$

$$c = 6{,}985 \cdot 10^{-3} m$$

$$t_{cr} = \left[\frac{dr - c}{k}\right]^{1/a} = \left[\frac{0{,}063 - 6{,}985 \cdot 10^{-3}}{4{,}8824 \cdot 10^{-5}}\right]^{\frac{1}{0{,}721}} = 17524{,}63 \, s$$

Será necesario pasar de IF a la ecuación de Kostiakov.

Para t_c = 1000 s

$$Z = 4{,}8824 \cdot 10^{-5} \cdot 1000^{0{,}721} + 6{,}985 \cdot 10^{-3} = 0{,}014 \, m$$

Tomando logaritmos en la ecuación de Kostiakov:

$$log \, 0{,}063 = log \, k + a \cdot log \, 17524{,}63$$

$$log \, 0{,}014 = log \, k + a \cdot log \, 1000$$

$$a = \frac{log \, \dfrac{0{,}063}{0{,}014}}{log \, \dfrac{17524{,}63}{1000}} = 0{,}5252 \Rightarrow a = 0{,}5$$

$$k = \frac{0{,}063}{17254{,}63^{0{,}5}} = 4{,}75 \cdot 10^{-4} \, \frac{m}{s^a}$$

Los parámetros de referencia serán:

$$X_R = \frac{1}{0{,}15^{2/3}} \cdot 0{,}063^{7/9} \cdot 17524{,}63^{2/3} \approx 278 \, m$$

$$Q_R = \frac{0{,}063 \cdot 278}{17524{,}63} \approx 10^{-3} \, \frac{m^3}{(s \cdot m)}$$

$$q_0 = \frac{Q_0}{B} = \frac{9 \cdot 10^{-2}}{30} = 3 \cdot 10^{-3} \, \frac{m^3}{(s \cdot m)}$$

Considerando que

$$q^* = \frac{q_0}{Q_R} = \frac{3 \cdot 10^{-3}}{10^{-3}} = 3$$

y que

$$UD = 90\%$$

de la gráfica (anexo II) se obtiene

$$L^* = 0{,}6$$

por tanto

$$L = 0{,}6 \cdot 278 = 166{,}8 \, m$$

Para este diseño se excede del límite máximo. Se puede actuar de varias formas:

a) Manteniendo UD = 90% y variando q * y L*, justo situándonos en el límite:

$L^* = 0{,}48$ y $q^* = 1{,}8$

$$q_0 = 1{,}8 \cdot 10^{-3} \, \frac{m^3}{(s \cdot m)}$$

$$L = 0{,}48 \cdot 278 = 133{,}44 \, m$$

Esta solución se puede adoptar a L = 150 m por ser divisible entre 1500 m.

b) Si consideramos L = 150 m aumentamos el caudal hasta el límite, de esta forma UD disminuye

Considerando

$$L^* = \frac{150}{278} = 0,53$$

y el límite máximo, se obtiene

$$UD = 88\% \Rightarrow q^* = 1,75 \Rightarrow q_0 = 1,75 \cdot 10^{-3} \frac{m^3}{(s \cdot m)}$$

Siendo

$$Q_0 = q_0 \cdot B = q_0 \cdot 30 = 52,5 \cdot 10^{-3} \frac{m^3}{s}$$

Esta solución puede ser buena pues el caudal total es menor que el que lleva la acequia, UD es próximo al 90% y la unidad de 150×30 es proporcional a la de 1500 x 150.

$$t_{ar} = \frac{L \cdot H_r}{UD \cdot q_0} = \frac{150 \cdot 0,063}{0,88 \cdot 1,75 \cdot 10^{-3}} = 6136,36 \approx 1,7 \, h = 102,2 \, min$$

$$UD = \frac{H_r}{H_b} \Rightarrow H_b = \frac{0,063}{0,88} = 0,071 \, m$$

$$H_p = H_b - H_r = 8,59 \cdot 10^{-3} m$$

3) El número de canteros será:

$$N = \frac{150 \cdot 1500}{30 \cdot 150} = 50$$

Como el módulo de aplicación por cantero es de $(1,75 \cdot 10^3 \cdot 30) = 52,5$ l/s, y se dispone de un módulo de 90 l/s, solo se riega un cantero.

Si se dispone de 13 horas diarias de riego y t_{ar} = 1,7 h, al día se riegan 13/1,7 = 8 canteros. Como hay 50 canteros, se tardan 50/8 = 6,25 días en regar todo.

El número de riegos al mes es de 2520/630 = 4. Todos los riegos se darán en 6,25 · 4 = 25 días.

Como L^* = 0,53 y UD = 88 %, del gráfico (anexo IV) se obtiene:

$$R = 0,84 \Rightarrow x_{ca} = 0,84 \cdot 150 = 126 \, m$$

y como q * = 1,75 y UD= 88%, del gráfico del anexo III se obtiene:

$$y_{max}^* = 1,17 \Rightarrow y_{max} = 1,17 \cdot y_R = 82,9 \text{mm}$$

Siendo

$$Y_R = 0,15^{3/8} \cdot (1,75 \cdot 10^{-3})^{9/16} \cdot 6136,36^{3/16} = 0,0708 m$$

8. Se pretende regar por inundación una parcela de 200 m de anchura y longitud 570 m, para lo que se dispone de un gasto en la red terciaria de 200 L·s⁻¹.

Las características de infiltración del suelo enraizado quedan definidas por $k = 8{,}91 \cdot 10^4 \ m \cdot s^{-0{,}5}$ y $a = 0{,}5$. La aspereza del sistema suelo-cultivo se define por $n = 0{,}15 \ m^{-1/3} \cdot s^{-1}$. La lámina útil recomendada es de $H_n = 0{,}1$ m.

Se pide:

a) Diseñar las dimensiones de los canteros utilizando el Modelo de Inercia Nula (MIN) para obtener una DU del 85% como mínimo.

b) Utilizando los criterios del Servicio de Conservación de Suelos (SCS), comprobar el diseño anterior.

c) Programa de riegos.

SOLUCIÓN:

a) Criterios del Modelo de Inercia Nula (MIN)

Usando la ecuación de Kostiakov para H_n se obtiene t_{cn}, tiempo de contacto necesario para infiltrarla:

$$H_n = K \cdot t_{cn}^a \Rightarrow 0{,}1 = 8{,}91 \cdot 10^{-4} \cdot t_{cn}^{0{,}5} \Rightarrow t_{cn} = 12596 \ s \approx 3{,}5 \ h$$

Los valores de referencia serán:

$$X = t_{cn}^{2/3} \cdot H_n^{7/9} \cdot n^{-2/3} = 12596^{2/3} \cdot 0,1^{7/9} \cdot 0{,}15^{-2/3} = 319{,}8 \ m \approx 320 \ m$$

$$Q = X \cdot H_n \cdot t_{cn}^{-1} = 320 \cdot 0,1 \cdot 12596^{-1} = 2{,}54 \cdot 10^{-3} \frac{m^3}{(s \cdot m)}$$

De los gráficos para proyecto de canteros de inundación con a=0,5 (ver Anexo II), en el límite para DU = 85%, resulta:

$$L^*_{limite} = 0,6 \Rightarrow L = L^*_{limite} \cdot X = 192 \, m$$

Como la longitud de la parcela es 570 m (= 190×3) se adopta una L = 190 m. Recalculando para este valor:

$$L^* = \frac{L}{X} = \frac{190}{320} = 0,59$$

y entrando de nuevo en el gráfico con DU = 0,85

$$\Rightarrow q_0^* = 1,5$$

Luego

$$q_0 = q_0^* \cdot Q = 1,5 \cdot 2,54 \cdot 10^{-3} = 3,81 \cdot 10^{-3} \frac{m^3}{(m \cdot s)}$$

Como se dispone un caudal de 200 x 10³ m³/s

$$B = \frac{200 \cdot 10^{-3} \frac{m^3}{s}}{3,81 \cdot 10^{-3} \frac{m^3}{(s \cdot m)}} = 52,5 \, m$$

Como la parcela tiene 200 m de ancho, se elige una anchura de cantero de 50 m y entonces:

$$q_0 = \frac{200 \cdot 10^{-3}}{50} = 4 \cdot 10^{-3} \frac{m^3}{(s \cdot m)}$$

luego:

$$q_0^* = \frac{q_0}{Q} = \frac{4 \cdot 10^{-3}}{2,54 \cdot 10^{-3}} = 1,57$$

y del gráfico del anexo II (para a= 0,5) con $L^* = 0,59$ se obtiene un DU=87%

El tiempo de aplicación del riego será:

$$t_{ar} = \frac{H_n \cdot L}{q_0 \cdot DU} = 4132,5 \; s \; (\approx 1,15 \; h)$$

b) Criterios de Servicio de Conservación de Suelos (SCS)

A partir de la ecuación de Kostiakov y dando valores, se puede calcular la familia de infiltración a la que pertenece.

$$H = 8,91 \cdot 10^{-4} \cdot t_c^{0,5}$$

Para H = 0,075 m $\rightarrow$ t_c = 7085s (118 min)

Para H = 0,125 m $\rightarrow$ t_c = 19681s (328 min)

De la figura de infiltración acumulada, i_a (mm) frente a t_c (min) (ver Anexo IA), se obtiene que:

$$I_F = 0,8$$

Y de la tabla que da los parámetros de la ecuación de infiltración según la familia I_F:

$$K = 0,0614; \; a = 0,773; \; c = 0,275$$

Cambiando de unidades al S.I. se obtiene:

$$k = 6,58 \times 10^{-5}; \; a = 0,773; \; c = 6,985 \times 10^{-3}$$

y la ecuación de infiltración resulta ser:

$$i_a = 6,58 \cdot 10^{-5} \cdot t_c^{0,773} + 6,985 \cdot 10^{-3}$$

En este caso, para $i_a = H_n = 0,1$, lo que implica un $t_{cn} = 11897s$ (3,3 h), algo inferior al obtenido con los criterios del MIN.

La curva de avance se calcula mediante:

$$x_a = \frac{q_0 \cdot t_a}{\left[\frac{k}{1+a} \cdot t_a^a + c\right] + \left[0,83242 \cdot n^{3/8} \cdot q_0^{9/16} \cdot t_a^{3/16}\right]}$$

$$x_a = \frac{4 \cdot 10^{-3}}{3,71 \cdot 10^{-5} \cdot t_a^{0,773} + 6,985 \cdot 10^{-3} + 1,83 \cdot 10^{-2} \cdot t_a^{0,1875}}$$

Dando valores a t_a se obtienen los valores de x_a y al representarse se obtiene la curva de avance:

t_a (s)	720	1440	2160	2880	3600	4320	5040	5760	6480
x_a(m)	38,0	64,9	88,0	108,7	127,7	145,4	161,9	177,6	192,5

de la que para $x_a = 190m \rightarrow t_{aL} = 6365$ s

Como la curva de receso es horizontal:

$$t_r = t_{aL} + t_{cn} = 6365 + 11897 = 18262\ s$$

El tiempo de contacto a una distancia s será:

$$t_{cs} = t_r - t_{as}$$

s (m)	t_{as} (s)	t_{cs} (s)
0	0	18262
25	425	17837
50	1008	17254
75	1760	16502
100	2585	15677
125	3485	14777
150	4500	13762
175	5630	12632
190	6365	11897

El tiempo de contacto medio será:

$$t_{c(0-L)} = \frac{\sum_1^n t_{cs}}{n} = \frac{138600}{9} = 15400 \; s$$

La lámina media será:

$$H_{(0-L)} = H_b = K \cdot t_{c(o-L)}^a + c = 6{,}58 \cdot 10^{-5} \cdot 15400^{0{,}773} + 6{,}985 \cdot 10^{-3} = 0{,}1205 \; m$$

Luego:

$$R_a = \frac{H_n}{H_b} = \frac{0{,}1}{0{,}1205} = 83\%$$

$$t_{ar} = \frac{H_b \cdot L}{q_0} = \frac{0{,}1205 \cdot 190}{0{,}004} = 5724 \; s \; (\approx 1{,}6 \; h)$$

superior al obtenido aplicando MIN y Ra ligeramente inferior a DU (suponiendo que DU representa el rendimiento de aplicación sin déficit hídrico).

c) La parcela queda dividida en el siguiente número de canteros:

$$n = \frac{Superficie\ parcela}{Superficie\ cantero} = \frac{570 \cdot 200}{50 \cdot 190} = 12\ canteros$$

<u>MIN</u>

Como el t_{ar} para regar un cantero es 1,15 h, para regar todos los canteros se necesitarían unas 14 h, por lo que se podría regar toda la parcela en un día, aunque sería preferible hacerlo en 2 días.

<u>SCS</u>

En este caso se necesitan 1,6 h para regar un cantero, por lo que para regar toda la parcela sería necesario un tiempo de 19,2 h, por lo que habría que regarla en 2 días.

9. Se proyecta regar por inundación una superficie a determinar en un campo que dispone de un pozo. El gasto alumbrado va a ser retenido por una alberca de la que arrancará un sistema de distribución bien por acequias de fábrica bien por tuberías a baja presión (ver croquis). El estudio será basado en los supuestos que siguen:

Gasto permanente aforado en pozo: $10 \cdot 10^{-3} \frac{m^3}{s}$

Lámina hídrica de consumo/lavado en mes punta: $180 \cdot 10^{-3}$ (m)

Dimensiones del cantero: 10 x 75 (m)

Módulo de aplicación: $20 \cdot 10^{-3} \frac{m^3}{s}$

Rendimiento de conducción: 0,90

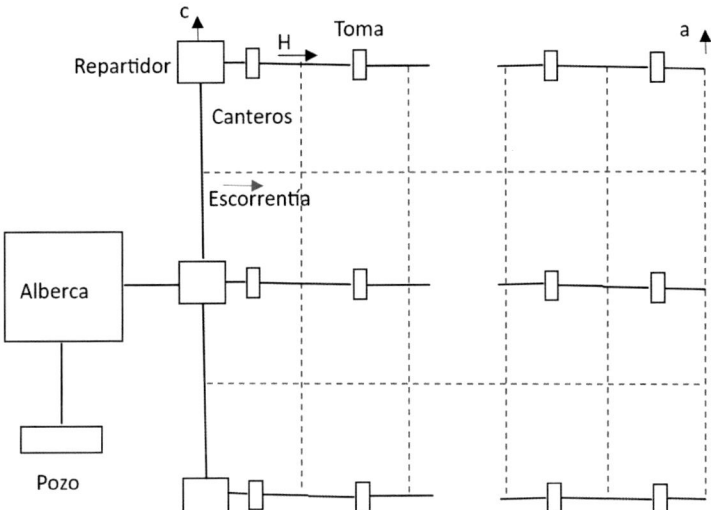

a: azarbeta; c: cacera; H=hijuela

Se estima que el suelo a regar tiene una profundidad útil de 0,50 m, uniforme, con una densidad aparente de 1,40, relativa a la del agua. Asimismo, que su capacidad de retención eficaz para el agua que se usa entre dos riegos sucesivos es un 10% gravimétrico. En cuanto a sus características de infiltración, han sido descritas por las constantes k = $1,25 \cdot 10^{-3}$ y a = 0,5 en la fórmula de Kostiakov. Finalmente, se supondrá que el escurrimiento del agua sobre la superficie llana y horizontal de los canteros queda descrito por un coeficiente de aspereza de Manning n = 0,10.

Estimar:

1) Tiempo de operación y resultados de riego.

2) Superficie regable.

3) Capacidad de la alberca y manejo del riego.

NOTA: Salvo indicación en contra, las magnitudes se refieren al SI.

SOLUCIÓN:

1) Dado que la capacidad de retención hídrica del suelo útil, para la operación del riego, es del 10%, la lámina que conviene aplicar (volumen por unidad de superficie) será:

$$H_r = H_n = Dosis\ de\ Riego = \frac{S \cdot p \cdot D_a \cdot (\theta_M - \theta_m)}{100}$$

En nuestro caso

$$S = 1\ ha; p = 0,5\ m; D_a = 1,4 \cdot 1000 \left(\frac{kg\ suelo}{m^3}\right); \theta_M - \theta_m = \frac{10}{100} \left(\frac{kg\ agua}{kg\ suelo}\right)$$

Luego:

$$H_r = H_n = \frac{10^4 m^2}{ha} \cdot \frac{10}{100} \frac{kg\ agua}{kg\ suelo} \cdot 0,5\ m \cdot 1,4 \cdot 1000 \left(\frac{kg\ suelo}{m^3}\right)$$
$$\cdot \left(\frac{m^3}{10^3 kg\ agua}\right) = 700 \frac{m^3}{ha} = 0,07m$$

Llevando este valor de H_n a la ecuación de Kostiakov:

$$0,07 = 1,25 \cdot 10^{-3} \cdot t_{cn}^{0,5} \Rightarrow t_{cn} = 3136 \, s \, (\approx 52 \text{min})$$

Los valores de referencia son:

$$X = t_{cn}^{2/3} \cdot H_n^{7/9} \cdot n^{-2/3} = 3136^{2/3} - 0,07^{\frac{7}{9}} \cdot 0,1^{-\frac{2}{3}} = 125,7 \, m$$

$$Q = X \cdot H_n \cdot t_{cn}^{-1} = 125,7 \cdot 0,07 \cdot 3136^{-1} = 2,81 \cdot 10^{-3} \, \frac{m^3}{(s \cdot m)}$$

Luego:

$$L^* = \frac{L}{x} = \frac{75}{125,7} = 0,6$$

$$q_0^* = \frac{q_0}{Q} = \frac{2 \cdot 10^{-3}}{2,81 \cdot 10^{-3}} = 0,7$$

del gráfico del anexo II, para a= 0,5, se obtiene DU = 0,75, ya que

$$q_0 = \frac{\textit{Módulo de aplicación}}{B} = \frac{20 \cdot 10^{-3}}{10} = 2 \cdot 10^{-3} \, \frac{m^3}{(s \cdot m)}$$

Finalmente:

$$t_{ar} = \frac{H_n \cdot L}{q_0 \cdot R_a} = \frac{0,07 \cdot 75}{2 \cdot 10^{-3} \cdot 0,75} = 3500 \, s \, (\approx 1h)$$

Suponiendo que DU = Ra, sin déficit hídrico.

2) La altura total de agua a aplicar (H_b) para obtener una lámina de agua útil o de consumo, H_n, en el mes punta será:

$$H_b = \frac{H_n}{R_a \cdot R_c} = \frac{1800 \frac{m^3}{ha}}{0{,}75 \cdot 0{,}9} = 2667 \frac{m^3}{(ha \cdot mes)}$$

Donde

$$H_n = 180 \cdot 10^{-3}\, m = 1800 \frac{m^3}{ha}$$

Lo que equivale, a lo largo de un día de 24h en un mes de 30 días, a una dotación unitaria conjunta de:

$$\text{Dotación unitaria o hidromódulo} = 2667 \frac{m^3}{ha \cdot mes} \frac{1\ mes}{(30 \cdot 24 \cdot 3600)\ s}$$
$$= 1{,}03 \cdot 10^{-3} \left(\frac{m^3}{s \cdot ha}\right)$$

Puesto que el gasto continuo disponible es de 10×10^{-3} m³/s, la superficie del tablar a regar no debe superar a:

$$\frac{10 \cdot 10^{-3} \left(\frac{m^3}{s}\right)}{1{,}03 \cdot 10^{-3} \left(\frac{m^3}{s \cdot ha}\right)} = 9{,}72\, ha$$

que, teniendo en cuenta las dimensiones de un cantero, nos proporcionaría el número de canteros a regar:

$$9{,}72\ ha \frac{1\ cantero}{10 \cdot 75\ m^2 \cdot \frac{1\ ha}{10000\ m^2}} = 129{,}6\ canteros$$

Por lo que sería razonable tomar 130 canteros.

3) La capacidad mínima de almacenamiento y la capacidad mínima de conducción de la red principal corresponden al riego de un cantero en cada operación.

Para asegurar la aplicación de un módulo de 20 × 10³ m³/s, es necesario que el caudal que circula por la red de distribución tenga en cuenta el rendimiento R_c, por lo que la capacidad del sistema de conducción será:

$$Q = \frac{20 \cdot 10^{-3} \left(\frac{m^3}{s}\right)}{0,9} = 22,22 \cdot 10^{-3} \frac{m^3}{s}$$

Puesto que este valor es superior al gasto continuo bombeado en el pozo (10 x 10³ m³/s), resulta necesario disponer de un depósito de reserva y programar una distribución discontinua: el agua embalsada durante un tiempo de llenado (sin riego) complementará el gasto de bombeo durante el tiempo de vaciado (con riego). La capacidad mínima de la alberca debe bastar para completar el riego de un cantero. De este modo, para un cantero se tendría:

$$V_a(m^3) + 10 \cdot 10^{-3} \left(\frac{m^3}{s}\right) \cdot t_{ar}(s) = \frac{H_r(m)}{R_a \cdot R_c} \cdot (10 \cdot 75)(m^2)$$

siendo V_a el volumen de la alberca:

$$V_a + 10^{-2} \cdot 3500 = \frac{0,07}{0,75 \cdot 0,9} \cdot 750 \Rightarrow V_a = 42,78 \, m^3$$

Para el caso en estudio, es razonable suponer que se regará uno o, como mucho, dos canteros cada vez por lo que, en este segundo caso, tanto la capacidad de la alberca como la del sistema de conducción, serían el doble de la obtenida.

El tiempo medio de llenado, para el riego de un solo cantero, entre dos operaciones consecutivas, será:

$$t_{llenado} = \frac{V_a}{Q_{pozo}} = \frac{42,78 \, m^3}{10 \cdot 10^{-3} \frac{m^3}{s}} = 4278 \, s \, (\approx 1,19 \, h)$$

Luego la operación completa del riego requiere de un tiempo:

$$t_{ar} + t_{llenado} = 3500 + 4278 = 7778 \; s \; (\approx 2{,}16 \; h)$$

y los canteros regados a lo largo de un día serían:

$$\frac{24 \left(\frac{h}{día}\right)}{2{,}16 \left(\frac{h}{cantero}\right)} = 11{,}11 \left(\frac{canteros}{día}\right)$$

Cada tanda de riego del tablar requiere de un periodo de:

$$\frac{130 \left(\frac{canteros}{tanda}\right)}{11{,}11 \left(\frac{canteros}{día}\right)} = 11{,}70 \left(\frac{días}{tanda}\right)$$

Este intervalo de tiempo está, evidentemente, en razón inversa de la frecuencia mensual de operaciones:

$$\frac{30 \left(\frac{días}{mes}\right)}{11{,}70 \left(\frac{días}{tanda}\right)} = 2{,}56 \frac{tandas}{mes}$$

fracción que, obviamente, también equivale al cociente entre la lámina hídrica de consumo en el mes punta (1800 m³/ha) y la dosis de riego (700 m³/ha).

-

10. Un cantero de escurrimiento de longitud indefinida tiene las siguientes características:

$$n = 0{,}15 \;\;;\;\; I_0 = 0{,}001 \;\;;\;\; a = 0{,}7 \;\;;\;\; k = 5 \cdot 10^2 \text{ m·h}^{-a}$$

Se desea conocer:

1) El recorrido del frente de avance de un módulo unitario: $q_0 = 25$ m^3×h^{-1}×m^{-1} ($\approx 6{,}94$ L×s^{-1}×m^{-1}) cuando ha transcurrido un tiempo de riego: $t_{ar} = 1{,}25$ h.

2) La distribución del agua superficial e infiltrada cuando el frente de avance alcance 50, 100, 300, 400 y 500 m.

SOLUCIÓN:

En primer lugar, vamos a calcular las variables de referencia para canteros de escurrimiento:

$$Q_R = q_0 = 25 \, \frac{m^3}{h \cdot m} = 6{,}94 \cdot 10^{-3} \, \frac{m^3}{s \cdot m}$$

$$Y_R = \left(\frac{Q_R \cdot n}{I_o^{1/2}} \right)^{0{,}6} = \left(\frac{6{,}94 \cdot 10^{-3} \cdot 0{,}15}{0{,}001^{1/2}} \right)^{0{,}6} = 0{,}1289 \, m$$

$$X_R = \frac{Y_R}{I_o} = \frac{0{,}1289}{0{,}001} = 128{,}96 \, m$$

$$T_R = \frac{X_R \cdot Y_R}{Q_R} = \frac{128{,}96 \cdot 0{,}1289}{6{,}94 \cdot 10^{-3}} = 2395{,}32 \, s$$

Una vez conocidas las variables de referencia calculamos las variables adimensionales de k y t_{co}:

$$k^* = \frac{k.T_R^a}{Y_R} = \frac{0,05 \cdot \left(\frac{2395,32}{3600}\right)^{0,7}}{0,1289} = 0,2916$$

— De Anexo V para a=0,7 $\Rightarrow$

$$x_{max}^* = 2,95$$

$$t_{co}^* = \frac{t_{co}}{T_R} = \frac{75}{2395,32/60} = 1,878$$

$$x_{max} = 2,95 \cdot 128,96 = 380,432 \; m$$

Ahora a partir de las variables adimensionales y el gráfico para valor de a=0,7 (Anexo VI), calculamos el factor de forma α

$$t_{co}^* = 1,878$$

$$\propto = 1,83; \; \beta = 2.\left(1 - \frac{\propto}{1+\frac{a}{2}}\right) = -0,711$$

$$k^* = 0,2916$$

Con el factor de forma podemos calcular la variable adimensional de lámina infiltrada:

$$z' = \propto.\xi^{a}/_2 + \beta.\xi = 1,83.\xi^{0,35} - 0,711.\xi \; ; \quad \xi = 1 - \frac{x}{x_{max}}$$

$$z' = 1,83 \cdot \left(1 - \frac{x}{380,432}\right)^{0,35} - 0,711 \cdot \left(1 - \frac{x}{380,432}\right)$$

$$z = z'\frac{t_{co}^*}{x_{max}^*} Y_R = z'\frac{1,878}{2,95}0,1289 = z' \cdot 0,082$$

A partir de la ecuación anterior dándole valores a la distancia x calculamos la lámina infiltrada según se ve en la tabla y figura siguientes.

x (m)	z (m)
0	0,0918
25	0,0921
50	0,0922
75	0,0922
100	0,0919
125	0,0914
150	0,0906
175	0,0895
200	0,0879
225	0,0859
250	0,0832
275	0,0796
300	0,0748
325	0,0680
350	0,0573
375	0,0331
380,432	0

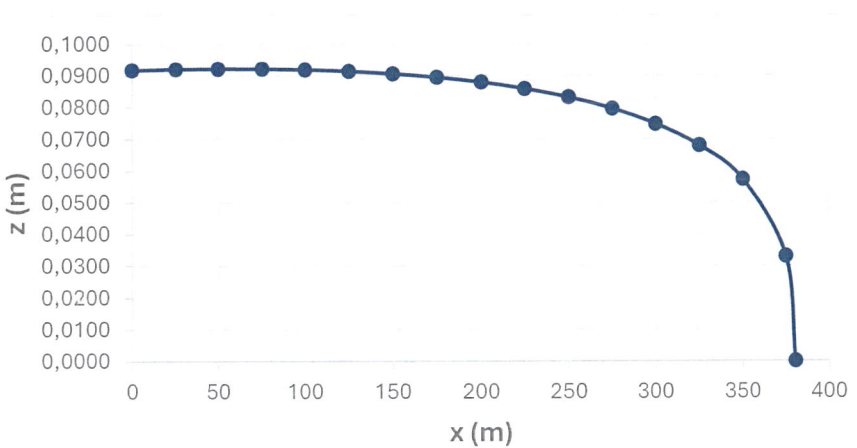

11. En una parcela de riego para algodón, los surcos tienen una longitud de 200 m y están separados 1 m. Las características del suelo, cultivo y caudal son:

$I_F = 1,0$

$n = 0,035$

$I_0 = 0,001$

$H_r = 700 \ m^3/ha$

$q_0 = 3 \cdot 10^{-3} \ m^3/s$

Se pide:

a) Comprobar el diseño utilizando los criterios del Servicio de Conservación de Suelos (SCS), calculando las pérdidas por percolación y escorrentía.

b) Verificar si se mejora el rendimiento de aplicación y se reduce el conjunto de pérdidas si, después del tiempo de avance hasta L, se recorta el caudal a $q_0/2$.

SOLUCIÓN:

a)

$$I_F = 1 \begin{cases} k = 7,1565.10^5 \ m/s^a \\\\ a = 0,785 \\\\ c = 6,985.10^{-3} \ m \end{cases}$$

El perímetro mojado para las condiciones dadas se calcula a través de la ecuación del SCS:

$$p = 4,9745\left(\frac{q_o.n}{I_o^{0,5}}\right)^{0,4247} + 0,2274 = 4,9745\left(\frac{3.10^{-3} \cdot 0,035}{(10^{-3})^{0,5}}\right)^{0,4247} + 0,2274 = 0,6679 \ m$$

Conocida la ecuación de infiltración del SCS y para la lámina requerida dada se calcula el tiempo de contacto necesario:

$$t_{cr} = \left[\left(\frac{H_r \cdot s}{p} - c\right)\frac{1}{k}\right]^{1/a} = \left[\left(\frac{0,07 \cdot 1}{0,6679} - 6,985 \cdot 10^{-3}\right)\frac{1}{7,1565 \cdot 10^{-3}}\right]^{1/0,785} = 9875,58 \; s$$

Lo siguiente que vamos a calcular es el tiempo de avance con la ecuación del SCS:

$$c = 1,179 \cdot 10^{-1} + 2,979 \cdot 10^{-2} \cdot IF = 0,147$$

$$d = 9,249 \cdot 10^{-8} + 3,263 \cdot 10^{-7} \cdot IF = 4,18 \cdot 10^{-7}$$

$$t_{aL} = \frac{L}{c}e^{\frac{d.L}{q_o I_o^{0,5}}} = 3284,14 \; s$$

El tiempo de riego se calcula sumando los tiempos de contacto requerido y el tiempo de avance hasta L.

$$t_{ar} = t_{aL} + t_{cr} = 13159,72 \; s$$

Lo siguiente que vamos a calcular es el tiempo de avance medio con la siguiente ecuación:

$$t_{a(0-L)} = \frac{L}{c\left(\frac{d.L}{q_o I_o^{0,5}}\right)^2}\left[\left(\frac{d \cdot L}{q_o I_o^{0,5}} - 1\right)e^{\frac{d \cdot L}{q_o I_o^{0,5}}} + 1\right] = 1249,7 \; s$$

Y con el tiempo anterior se calcula el tiempo de contacto medio durante el avance.

$$t_{ca(0-L)} = 3284,14 - 1249,7 = 2034,44 \; s$$

Con el tiempo de avance medio y el tiempo de riego se calcula el tiempo de contacto medio.

$$t_{c(0-l)} = t_{ar} - t_{a(0-L)} = 13159,72 - 1249,7 = 11910,02 \ s$$

Una vez conocido este tiempo podemos calcular la lámina media infiltrada.

$$H_{(0-l)} = (k.t^a + c)\frac{p}{s}$$

$$= (7{,}1565 \cdot 10^{-5} \cdot 11910{,}02^{0{,}785} + 6{,}985 \cdot 10^{-3})\frac{0{,}6679}{1}$$

$$= 0{,}08034 \ m$$

La lámina bruta aplicada se puede calcular a través del tiempo de aplicación del riego.

$$H_b = \frac{q_o \cdot t_{ar}}{s \cdot L} = \frac{3 \cdot 10^{-3} \cdot 13159{,}78}{1200} = 0{,}1973 \ m$$

Puesto que se conoce la lámina media infiltrada, la lámina requerida y la lámina bruta se puede calcular la lámina de escorrentía y de percolación.

$$H_e = H_b - H_{(0-L)} = 0{,}1973 - 0{,}08034 = 0{,}117 \ m$$

$$H_p = H_{(0-L)} - H_r = 0{,}08034 - 0{,}07 = 0{,}01034 \ m$$

Conocida la distribución del agua pueden calcularse los índices de calidad del riego.

$$R_a = \frac{H_r}{H_b} = \frac{0{,}07}{0{,}1973} \cdot 100 = 35{,}47 \ \% \quad C_e = \frac{H_e}{H_b} = \frac{0{,}117}{0{,}1973} \cdot 100 = 59{,}3 \ \%$$

$$C_p = \frac{H_p}{H_b} = \frac{0{,}01034}{0{,}1973} \cdot 100 = 5{,}24 \ \%$$

b)

Como hay muchas pérdidas por escorrentía se propone hacer un recorte de modulación a la mitad una vez que se ha completado el avance. Lo primero que debemos calcular es el nuevo perímetro mojado:

$$p_1 = 4{,}9745 \cdot \left(\frac{3 \cdot 10^{-3} \cdot 0{,}035}{2 \cdot 0{,}001^{0{,}5}}\right)^{0{,}4247} + 0{,}2274 = 0{,}5556 \, m$$

El nuevo tiempo de contacto requerido y tiempo de aplicación serán:

$$t_{crc} = \left[\left(\frac{0{,}07 \cdot 1}{0{,}5556} - 6{,}985 \cdot 10^{-3}\right)\frac{1}{7{,}1565 \cdot 10^{-5}}\right]^{1/0{,}785} = 12676{,}86 \, s$$

$$t_{arc} = t_{crc} + t_{aL} = 15961 \, s$$

La lámina media infiltrada se calcula en este caso con la siguiente ecuación:

$$H_{(0-L)c} = H\big(t_{ca(0-L)}, p\big) + H\big(t_{arc} - t_{a(0-L)}, p_1\big) - H\big(t_{ca(0-L)}, p_1\big)$$

$$\begin{aligned}
H_{(0-L)c} &= (7{,}1565 \cdot 10^{-5} \cdot 2034{,}44^{0{,}785} + 6{,}985 \cdot 10^{-3}) \cdot 0{,}6679 \\
&\quad + (7{,}1565 \cdot 10^{-5} \cdot (15961 - 1249{,}7)^{0{,}785} + 6{,}985 \cdot 10^{-3}) \\
&\quad \cdot 0{,}5556 - (7{,}1565 \cdot 10^{-3} \cdot 2034{,}44^{0{,}785} + 6{,}985 \cdot 10^{-3}) \\
&\quad \cdot 0{,}5556 = 0{,}08215 \, m
\end{aligned}$$

La nueva lámina bruta aplicada y láminas de escorrentía y percolación varían en este caso.

$$H_{bc} = \frac{3 \cdot 10^{-3} \cdot 3284{,}14 + 3 \cdot 10^{-3}/2 \cdot 12676{,}86}{1200} = 0{,}1441 m$$

$$H_{ec} = H_{bc} - H_{(0-L)c} = 0{,}1441 - 0{,}08215 = 0{,}062 \, m$$

$$H_{pc} = H_{(0-L)c} - H_r = 0{,}08215 - 0{,}07 = 0{,}01215 \, m$$

Los nuevos índices de calidad serán:

$$R_{ac} = \frac{0,07}{0,1441} \cdot 100 = 48,54 \ \%$$

$$C_{ec} = \frac{0,062}{0,1441} \cdot 100 = 43,03 \ \%$$

$$C_{pc} = \frac{0,01215}{0,1441} \cdot 100 = 8,43 \ \%$$

Como puede verse, la escorrentía ha disminuido y ha mejorado sustancialmente el rendimiento de aplicación. Sin embargo, si se analizan otros valores de las variables de manejo como son el caudal y el recorte de modulación, encontramos mejores resultados del R_a. Para ello se recomienda resolver el problema en una hoja de cálculo, siendo el resultado el de la tabla siguiente:

	R_a (%)			
	No recorte	Recorte		
q_o (L/s)	1	0,5	0,33	0,25
3	35,49	48,54	57,64	64,63
2	42,26	56,80	66,44	73,57
1	41,65	50,02	54,50	57,39

12. Para el riego de una parcela a nivel se ha dividido ésta en dos unidades. Una de ellas se regará por surcos a nivel y la otra mediante un cantero de inundación. Se dispone de un módulo de utilización en la acequia de la red terciaria de 160 l/s.

Los datos de que se dispone en cada una de las unidades son:

SURCOS	CANTEROS
	C_c = 14,5% (gravimétrico)
Anchura de la parcela = 30 m	P_m = 7% (gravimétrico)
q_0 = 2 l/s	D_a = 1500 kg/m^3
S = 0,75 m	Profundidad de suelo = 1 m
L = 250 m	Nivel de agotamiento = 2/3
I_F = 1,0	L = 250 m
n = 0,04	K = 1,65 · 10^4 m/s^a
H_r = 0,05	a = 0,7
	n = 0,1

Teniendo en cuenta que en la unidad de riego por surcos se riegan todos ellos simultáneamente, se pide:

a) Rendimiento de aplicación y tiempo de riego en el caso de surcos.

b) Anchura del cantero de inundación en el supuesto de riego simultáneo de las dos unidades y considerando que se desea obtener un rendimiento de aplicación sin déficit del 70%. Asimismo, determinar el calado máximo.

c) Estudiar posibles mejoras en ambos métodos de riego.

SOLUCIÓN:

a) Riego por surcos a nivel

Para poder determinar el perímetro hay que calcular una pendiente que en este caso es la del eje hidráulico, se usa la siguiente ecuación:

$$I = \frac{1}{L}\left(9{,}2885 \times 10^{-1} q_o^{0,3419}\right) = \frac{1}{250}\left(9{,}2885 \times 10^{-1} \times (2 \times 10^{-3})^{0,3419}\right) = 4{,}43 \times 10^{-4}$$

Para el perímetro mojado y tiempo de contacto requerido usaremos las ecuaciones conocidas del SCS.

$$P = 4{,}9745 \left(\frac{2.10^{-3} \times 0{,}04}{(4{,}43 \times 10^{-4})^{0,5}}\right)^{0,4247} + 0{,}2274 = 0{,}69 \, m$$

$$t_{cr} = \left[\left(\frac{0{,}05 \times 0{,}75}{0{,}69} - 6{,}985 \times 10^{-3}\right)\frac{1}{7{,}1565 \times 10^{-5}}\right]^{1/0,785} = 3920 \, s$$

Los parámetros de la ecuación de infiltración del SCS para la familia de infiltración $I_F = 1$ son:

$$I_F = 1 \quad \begin{cases} k = 7{,}1565 \cdot 10^{5} \text{ m/s}^a \\ a = 0{,}785 \\ c = 6{,}985 \cdot 10^{3} \text{ m} \end{cases}$$

A continuación, se calcula el tiempo de avance hasta L.

$$c = 1{,}179 \times 10^{-1} + 2{,}979.10^{-2} \times = 0{,}147$$

$$d = 9{,}249 \times 10^{-8} + 3{,}263.10^{-7} \times I_F = 4{,}18 \times 10^{-7}$$

$$t_{aL} = \frac{250}{0{,}147} e^{\frac{4{,}18.10^{-7} \times 250}{2.10^{-3}.(4{,}43.10^{-4})^{0,5}}} = 20358{,}5 \, s$$

Posteriormente, el tiempo de avance medio y el tiempo de contacto medio:

$$t_{a(0-L)} = \frac{L}{c \left(\frac{d \times L}{q_o \times I^{0,5}}\right)^2} \left[\left(\frac{d \times L}{q_o \times I^{0,5}} - 1\right) e^{\frac{d.L}{q_o.I^{0,5}}} + 1\right] = 5153,1 \ s$$

$$t_{c(0-L)} = t_{cr} + t_{ca(0-L)} = t_{cr} + t_{aL} - t_{a(0-L)} = 3920 + 20358,5 - 5153,1 = 19125 \ s$$

Puesto que es un riego por surcos a nivel, no hay escorrentía y toda la lámina aplicada va a infiltrarse por la que la lámina bruta coincide con la lámina media infiltrada.

$$H_b = (7,1565 \times 10^{-5} \times 19125^{0,785} + 6,985 \times 10^{-3}).\frac{0,69}{0,75} = 0,157 \ m$$

El índice de calidad y tiempo de riego serán:

$$R_a = \frac{0,05}{0,157} \times 100 = 31,8 \ \%$$

$$t_{ar} = \frac{H_b \times s \times L}{q_o} = \frac{0,157 \times 0,75 \times 250}{2 \times 10^{-3}} = 14718,75 \ s \approx 4 \ h$$

b) Canteros de inundación

Al no existir déficit y cumplirse el requisito de riego ($H_{min}=H_r$) UD=R_a

La dosis práctica de riego es:

$$H_r = D = \frac{p \times D_a \times (C_c - P_m)}{15} = \frac{1 \times 1500 \times (14,5 - 7)}{15} - 750 \ \frac{m^3}{ha} = 75 \ mm = 0,075 \ m$$

A partir de la ecuación de infiltración ($i_a = k \times t^a$) se puede calcular el tiempo de contacto necesario para alcanzar la lámina requerida:

$$\tau_r = \left(\frac{H_r}{k}\right)^{1/a} = \left(\frac{0,075}{1,65 \times 10^{-4}}\right)^{1/0,7} = 6259,5 \ s$$

Las variables características o de referencia de caudal y longitud son:

$$X_R = \frac{1}{n^{2/3}} H_r^{7/9} \tau_r^{2/3} = \frac{1}{0,1^{2/3}} \times 0,075^{7/9} \times 6259,5^{2/3} = 210,25 \ m$$

$$Q_R = \frac{H_r . X_R}{\tau_r} = \frac{0,06 \times 255,17}{21715,34} = 2,5 \times 10^{-3} \ \frac{m^3}{s \times m}$$

$L^* = \frac{250}{210,25} = 1,18 \Rightarrow$ en la gráfica del anexo II para a=0,7, trazando una vertical para este valor se corta a la curva UD= 70 % y tirando una horizontal desde el punto de corte se obtiene q*= 2 $\Rightarrow q_o = 2 \times 2,5 \times 10^{-3} = 5 \times 10^{-3} \ \frac{m^3}{s.m}$

En la parcela de los surcos se usa un caudal de: $\frac{30}{0,75} \times 2 = 80 \ \frac{L}{s}$

Como existen 160 L/s entonces se usan en el cantero 80 L/s. El ancho del cantero será:

$$B = \frac{Q_o}{q_o} = \frac{80 \times 10^{-3}}{5 \times 10^{-3}} = 16 \ m$$

Para,

$q^*=2$

$\left.\phantom{\begin{array}{c} \\ \\ \end{array}}\right\} \Rightarrow y_{max}^* = 1,18$ (ver Anexo III)

UD=70 %

Para calcular y_{max} hay que determinar previamente el tiempo de corte y el calado de referencia con las siguientes ecuaciones:

$$t_{co} = \frac{L \times H_r}{UD \times q_o} = \frac{250 \times 0,075}{0,7 \times 5 \times 10^{-3}} = 5357,14\ s = 89,28\ min$$

$$Y_R = n^{3/8} q_o^{9/16} t_{co}^{3/16} = 0,1^{3/8} \times (5.10^{-3})^{9/16} \times 5357,14^{3/16} = 0,1071\ m$$

$$y_{max} = y_{max}^* . Y_R = 1,18 \times 0,1071 = 126,39\ mm$$

Una variable de manejo muy interesante es la distancia avanzada por el agua en el momento de corte. Gráficamente se puede determinar la denominada relación de corte a partir del valor de L^* y UD para a=0,7 (Ver Anexo IV)

L=1,18*

$\Rightarrow R{=}0,85 \quad X_{co} = R \times L = 0,85 \times 250 = 212,5\ m$

UD=70 %

Como resumen podemos decir que:

- En el riego por surcos ha existido mucha percolación. Se observa, que el avance es muy lento, si aumentamos el caudal se mejorará el R_a pero puede ser que sea excesivo y erosione. Se aconseja entonces disminuir la longitud del surco o disminuir también la lámina requerida.
- En el cantero de inundación se aconseja también aumentar el caudal o bien hacer los canteros más pequeños.

13. En un terreno totalmente llano se pretende regar por surcos, espaciados 2 m y de 120 m de longitud, una parcela de 270x120 m.

Para ello, se dispone de dos tuberías de aluminio de longitudes 150 y 120 m y diámetros 300 y 200 mm, respectivamente, colocadas en serie. Estas tuberías disponen de compuertillas regulables cada 2 m que nos aseguran un mismo caudal por salida.

Se pide:

1) Caudal por cada salida.

2) Altura de presión necesaria en el origen.

3) Dibujar la línea piezométrica, justificando su forma.

4) Caso de poder modificar la pendiente del terreno, ¿qué perfil habría que darle a dicho terreno para obtener el mismo caudal de salida por orificio en el supuesto de que ahora éstos fueran de igual sección y no regulables?

DATOS: Despreciar las alturas cinéticas y las pérdidas en singularidades
               Dosis neta de riego: H_n = 700 m³/ha
               Rendimiento: R_a = 60%
               Tiempo de riego: t_{ar} = 6 horas

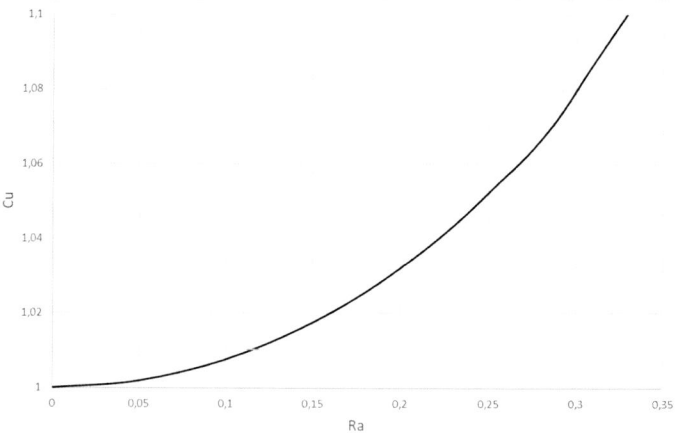

$$C_u = \left(1 + \frac{1}{2} \cdot R_a^2 \cdot C_u^2\right)^{3/2}$$

Figura 13-1. Relación entre R_a y C_u para una sección rectangular

5) Para comprobar que la posición en que se coloca la compuertilla correspondiente a cada surco asegura el caudal deseado, se instala, en cabecera de este, un aforador modular de garganta rectangular que trabaja por debajo del límite modular. Si en un surco se mide una carga h = 0,03 m, ¿habría que abrir o cerrar la compuertilla correspondiente? Los surcos son de sección trapecial.

Datos para esta última pregunta:

$$Q = C_d \cdot C_u \cdot \left(\frac{2}{3}\right)^{3/2} \cdot \sqrt{g} \cdot b \cdot h^{3/2}$$

$$C_d = 0,9918 \cdot \left(\frac{H}{I}\right)^{0,0789}$$

Coeficiente para el cálculo de Cu:

$$R_a = \left(\frac{2}{3}\right)^{\frac{3}{2}} \cdot C_d \cdot \frac{b \cdot h}{\omega_1}$$

$$z_{trapecial} = 1; \quad b_{trapecial} = 0.3 \, m$$

$$b_{rectangular} = 0.1 \, m; \quad l = 0.2 \, m$$

SOLUCIÓN:

1)

$$H_n = 700 \, \frac{m^3}{\text{ha}} = 0{,}07 m$$

El volumen neto para aplicar será:

$$V_n = S \cdot H_n = (270 \cdot 120) \, m^2 \cdot 0{,}07 \, m = 2268 \, m^3$$

y teniendo en cuenta el rendimiento de aplicación, Ra,

$$V = \frac{V_n}{R_a} = \frac{2268 \, m^3}{0{,}6} = 3780 \, m^3$$

El número de surcos es:

$$\frac{270}{2} = 135 \, surcos$$

y el volumen por surco:

$$\frac{V}{n\acute{u}mero \, de \, surcos} = \frac{3780 \, m^3}{135 \, surcos} = 28 \, \frac{m^3}{surco}$$

El tiempo durante el cual se aplica dicho caudal en cada surco es t_{ar} = 6 horas = 21600 s y, por tanto, el caudal por surco será:

$$q_0 = \frac{28 \, \dfrac{m^3}{surco}}{21600 \, s} = 1{,}296 \cdot 10^{-3} \, \frac{m^3}{s}$$

2) Como las tuberías son de diferente diámetro (ver figura 13-2):

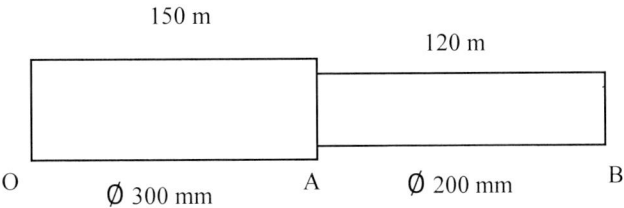

Figura 13-2. Tuberías en cabecera para alimentación de surcos

Las pérdidas de carga de 0 a B serán:

$$h_{f0-B} = h_{f0-B\,(300)} - h_{fA-B(300)} + h_{fA-B\,(200)} \qquad (13-1)$$

ya que las pérdidas de carga en el primer tramo 0A no se pueden calcular directamente pues por A pasa un caudal.

Como las tuberías son de aluminio, se utiliza la ecuación de Scobey:

$$h_f = \frac{K_s}{387} \cdot \frac{L \cdot U^{1.9}}{D^{1,1}} \; (S.I.)$$

Con Ks = 0,4

Dado que se trata de una tubería con distribución en ruta, hay que aplicar el coeficiente F de Christiansen para obtener las pérdidas:

$$h_f = F \cdot \frac{0,4}{387} \cdot \frac{L \cdot U^{1.9}}{D^{1.1}}$$

-   Tubería 0-B con diámetro de 300mm

Número de orificios: 135; $L = 150 + 120 = 270m$

$$Q = 135 \cdot 1{,}296 \cdot 10^{-3} \frac{m^3}{s} = 175 \cdot 10^{-3} \frac{m^3}{s}$$

$$u = \frac{Q}{\omega} = \frac{0{,}175}{\pi \cdot \dfrac{0{,}3^2}{4}} = 2{,}476 \frac{m}{s}$$

$$F = \frac{1}{m+1} + \frac{1}{2 \cdot N} + \frac{(m-1)^{1/2}}{6 \cdot N^2} = \frac{1}{2{,}9} + \frac{1}{2 \cdot 135} + \frac{(1{,}9-1)^{1/2}}{6 \cdot 135^2} = 0{,}3485$$

Luego:

$$h_{f\ 0-B(300)} = 0{,}348 \cdot \frac{0{,}4}{387} \cdot \frac{270 \cdot 2{,}476^{1.9}}{0{,}3^{1,1}} = 2{,}05\ m$$

-   Tubería A-B con diámetro de 300mm

Número de orificios = 120/2=60; L = 120 m

$$Q_{AB} = 60 \cdot 1{,}296 \cdot 10^{-3} = 77{,}76 \cdot 10^{-3} \frac{m^3}{s}$$

$$u = \frac{Q_{AB}}{\omega} = \frac{77{,}76 \cdot 10^{-3}}{\pi \cdot \dfrac{0{,}3^2}{4}} = 1{,}1 \frac{m}{s}$$

$$F = \frac{1}{2{,}9} + \frac{1}{2 \cdot 60} + \frac{0{,}9^{\frac{1}{2}}}{6 \cdot 60^2} = 0{,}3532$$

$$h_{f\,AB\,(300)} = 0{,}3532 \cdot \frac{0{,}4}{387} \cdot \frac{120 \cdot 1{,}1^{1,9}}{0{,}3^{1,1}} = 0{,}20 \; m$$

- Tubería AB con diámetro de 200 mm

Número de orificios = 120/2 = 60; L=120 m

$$Q_{AB} = 60 \cdot 1{,}296 \cdot 10^{-3} \; \frac{m^3}{s} = 77{,}76 \cdot 10^{-3} \; \frac{m^3}{s}$$

$$u = \frac{Q_{AB}}{\omega} = \frac{0{,}07776}{\pi \cdot \dfrac{0{,}2^2}{4}} = 2{,}47 \; \frac{m}{s}$$

$$F_{60} = 0{,}3532$$

$$h_{f\,AB\,(200)} = 0{,}3532 \cdot \frac{0{,}4}{387} \cdot \frac{120 \cdot 2{,}47^{1,9}}{0{,}2^{1,1}} = 1{,}43 m$$

Por tanto, de (13-1):

$$h_{f\,0B} = 2{,}05 - 0{,}20 + 1{,}43 = 3{,}28 m$$

y la altura necesaria en cabeza, despreciando sumandos cinéticos, debería ser de (3,28 + h_m) m, siendo h_m la altura mínima necesaria para desaguar el caudal calculado en el último orificio. En este supuesto, el caudal evacuado por los restantes orificios sería mayor. Cabría la opción de buscar soluciones intermedias para no desperdiciar mucha agua. El valor de h_m no se puede determinar con los datos del problema.

3) A medida que el agua avanza en la tubería el caudal disminuye. Como la tubería tiene un diámetro constante en cada tramo, las pérdidas de carga entre dos salidas consecutivas serán cada vez menores y, por tanto, la pendiente motriz disminuye (ver Figura 13-3).

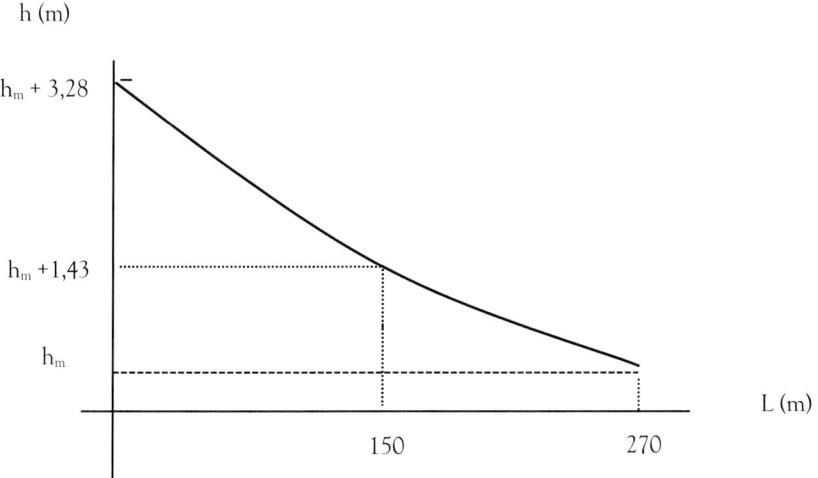

Figura 13-3. Relación entre la altura piezométrica y la longitud de la tubería

4) La ecuación de desagüe por orificios viene dada por:

$$Q = C_d \cdot \omega \cdot \sqrt{2 \cdot g \cdot h}$$

Luego, para una sección constante, el caudal desaguado es el mismo por todos los orificios si h es también la misma en todos. Para ello, la pendiente del terreno debe ser la misma que la de la línea piezométrica. De este modo, se gana en cota lo que se pierde por rozamiento.

Se podría aproximar calculando una pendiente uniforme en cada tramo:

$$I_1 = \frac{h_f}{L} = \frac{2,05 - 0,2}{150} = 1,23\%$$

$$I_2 = \frac{h_f}{L} = \frac{1,43}{120} = 1,19\%$$

5) Suponiendo H = h = 0,03 m

$$C_d = 0,9918 \cdot \left(\frac{0,03}{0,2}\right)^{0,0789} = 0,854$$

$$R_a = \left(\frac{2}{3}\right)^{\frac{3}{2}} \cdot 0.854 \cdot \frac{0.1 \cdot 0.03}{(0.3 + 1 \cdot 0.03) \cdot 0.03} = 0.141$$

Ya que ω_1 es el área de la sección de aproximación, con forma trapecial ya que es la del surco:

$$\omega_1 = b \cdot h + z \cdot h^2 = (b + z \cdot h) \cdot h$$

con $b_{trapecial}$ = 0,3 m y $Z_{trapecial}$ = 1 m.

De la figura 13-1 se obtiene C_u= 1,015

Luego:

$$Q = 0,854 \cdot 1,015 \cdot \left(\frac{2}{3}\right)^{\frac{3}{2}} \cdot \sqrt{9,81} \cdot 0,1 \cdot 0,03^{\frac{3}{2}} = 7,67 \cdot 10^{-4} \frac{m^3}{s}$$

con $b_{rectangular}$ = 0,1 m

Con este valor de caudal se hará una nueva aproximación ya que ahora:

$$H = h + \frac{U_1^2}{2 \cdot g}$$

$$U_1 = \frac{Q}{\omega_1} = \frac{7,67 \cdot 10^{-4} \left(\frac{m^3}{s}\right)}{(0,3 + 0,03) \cdot 0,03 \ (m^2)} = 0,0775 \frac{m}{s}$$

$$H = 0,03 + \frac{0,0775^2}{2 \cdot g} = 0,0303 m$$

Y, por tanto,

$$C_d = 0{,}9918 \cdot \left(\frac{0{,}0303}{0{,}2}\right)^{0{,}0789} = 0{,}855$$

$$R_a = \left(\frac{2}{3}\right)^{\frac{3}{2}} \cdot 0{,}855 \cdot \frac{0{,}1 \cdot 0{,}03}{(0{,}3 + 0{,}03) \cdot 0{,}03} = 0{,}141$$

Luego se repite el valor de Cu ya que de la figura 13-1, Cu = 1,015 y el caudal resulta ser:

$$Q = 0{,}855 \cdot 1{,}015 \cdot \left(\frac{2}{3}\right)^{\frac{3}{2}} \cdot \sqrt{9{,}81} \cdot 0{,}1 \cdot 0{,}03^{\frac{3}{2}} = 7{,}68 \cdot 10^{-4} \, \frac{m^3}{s}$$

Valor prácticamente igual al anterior que, por tanto, se acepta.

Dado que Q = 7,68 x 10^{-4} (m³/s) < qo = 1,296 x 10^{-3} (m³/s), hay que abrir más la compuertilla.

4. RIEGO POR ASPERSIÓN

14. Se desea regar por aspersión una parcela plana, de dimensiones 250 x 240 m, situada a la cota 120.

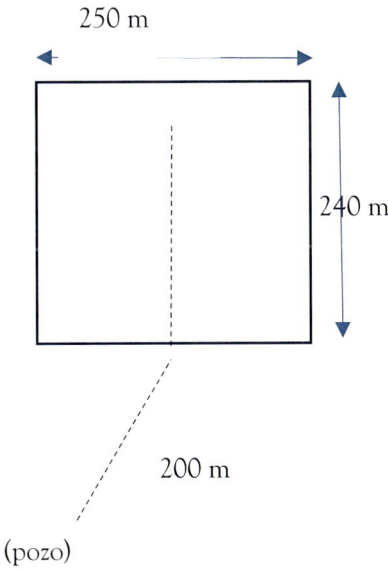

250 m

240 m

200 m

P (pozo)

- - - - Tubería enterrada

Las necesidades del mes punta son 2100 m³/ha, distribuidas en riegos de 70 mm de altura de agua. Por necesidades de mano de obra se regará una postura al día.

Las características de los aspersores son:

- Presión trabajo: 3 kgf/cm².
- Marco: 12x12.
- Caudal: 2 m³/h.

La bomba se encuentra a boca de pozo *P* a la cota 100 y el nivel del agua está a 3 m de profundidad.

Rendimiento de aplicación: 70%.

Material tuberías:

	Material	φ comercial
Portaaspersores	Aluminio	2,0 – 2,5 – 3,0 (pulgadas)
Principal	Hormigón	100 – 125 – 150 – 175 – 200 (mm)

η_{bomba} = 0,7

No se consideran pérdidas en singularidades después del hidrante.

Se pide:

Calcular potencia de bombeo y presión necesaria en los hidrantes.

SOLUCIÓN:

Las necesidades del mes punta, expresadas en altura de agua son:

$$2100\,\frac{m^3}{ha\cdot mes}\,\frac{1\,ha}{10^4 m^2} = 0{,}21\,\frac{m}{mes} = 210\,\frac{mm}{mes}$$

Si en cada riego se aplican $\bar{H}$=70 mm, el número de riegos será:

$$70\,\frac{mm}{riego}\cdot número\ de\ riegos = 210\,\frac{mm}{mes} \rightarrow n = 3\,\frac{riegos}{mes}$$

$$\frac{30\,\dfrac{días}{mes}}{3\,\dfrac{riegos}{mes}} = 10\,\frac{días}{riego}$$

Por lo que hay que regar la parcela en 10 días.

Consideramos una longitud aproximada de los ramales portaaspersores de 120 m, su trazado será perpendicular a uno y otro lado de la tubería enterrada.

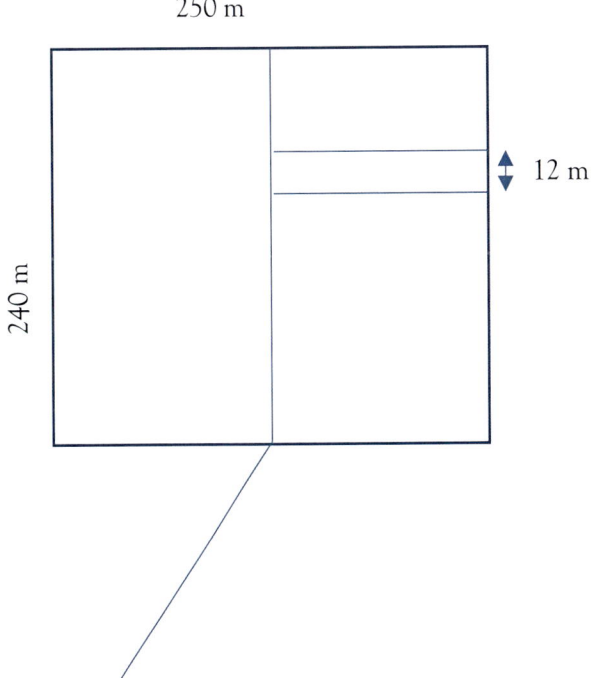

250 m

240 m

12 m

El número de posiciones por ramal será de 240/12=20. Como hay dos partes, una a cada lado de la tubería enterrada, serán 20x2=40 posiciones a hacer en 10 días, lo que implica que habrá que dar 4 posiciones por día.

Esto se podría hacer con un solo ramal y cambiarlo de posición cuatro veces durante el día, si el tiempo de riego lo permite.

$$t_{ar} = \frac{H_b}{i_h} = \frac{70\ mm}{13,8\ \frac{mm}{h}} = 5,04\ horas$$

$$i_h = \frac{q_a}{S_a \cdot S_r} = \frac{2\ \frac{m^3}{h}}{12 \cdot 12\ m^2} = 13,8\ mm/h$$

Un solo ramal con 4 posturas implicaría 5,04 horas x 4 = 20,16 horas de riego.

Como existe limitación de mano de obra, la solución es regar con 4 ramales simultáneamente, por lo que el caudal será 4 veces mayor que el caudal para un ramal sólo. La posición de los ramales será como la de la siguiente figura y se irán cambiando de posición cada día según el sentido indicado.

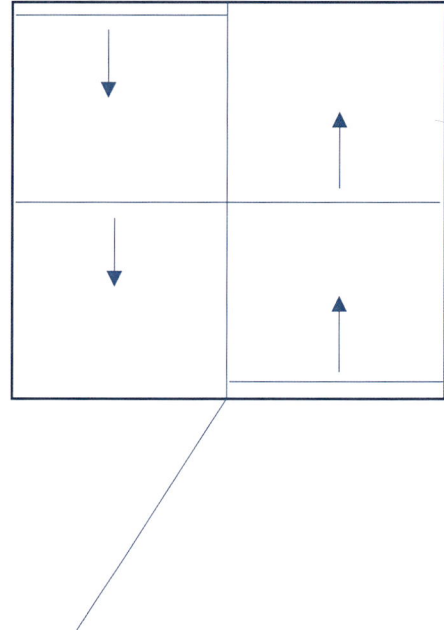

En cada hidrante o boca de riego se pondrán 5 posturas por lado. La conexión se hará mediante tuberías auxiliares y el número de hidrantes será 20/5=4.

La separación entre hidrantes será de 5x12=60 m. Las posturas extremas se harán a 6 m de los límites de la parcela. La tubería enterrada tendrá una longitud de 200 + (6+2x12) + 60 + 60 +60 =410 m

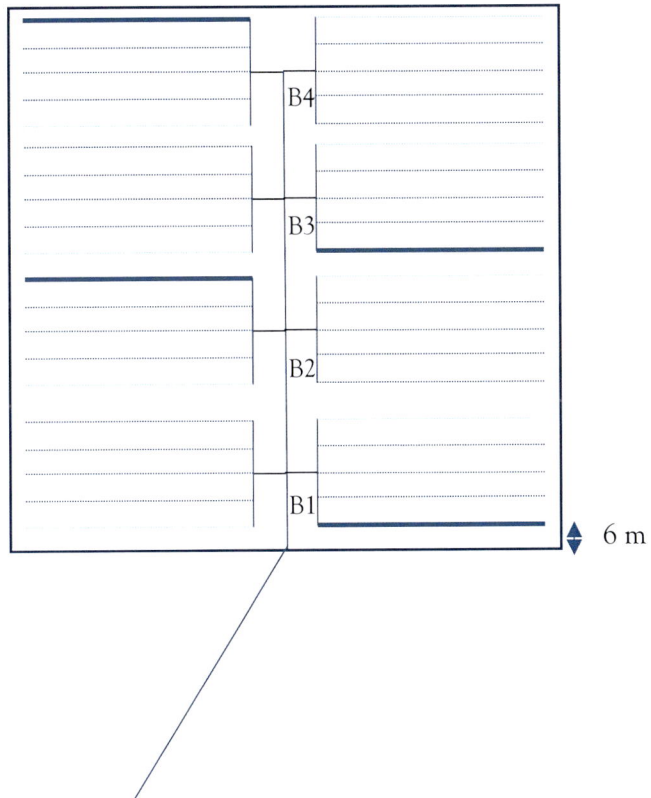

6 m

El número de aspersores por ramal será N=120/12=10 aspersores. Cada boca de riego abastecerá un ramal simultáneamente.

$$q_R = N \cdot q_a = 10 \cdot 2 = 20 \; \frac{m^3}{h} = 5{,}55 \cdot 10^{-3} \frac{m^3}{s}$$

Los caudales por tramo serán:

Tramo B3-B4	q_R=5,55x10^{-3} m^3/s
Tramo B2-B3	2q_R=0,01 m^3/s
Tramo B1-B2	3q_R=0,016 m^3/s
Tramo P-B1	4q_R=0,02 m^3/s

Con estos caudales se calculará el diámetro de las tuberías y las pérdidas de carga, necesarias para estimar la potencia de bombeo.

Para el dimensionamiento se empieza por el punto más desfavorable (en este caso el más alejado ya que toda la parcela está a la misma cota) y se determina la energía necesaria para llevar el agua hasta él.

- Ramal de aspersores

La longitud será 9x12+6=114m ya que el primer aspersor se sitúa a 6 m del comienzo.

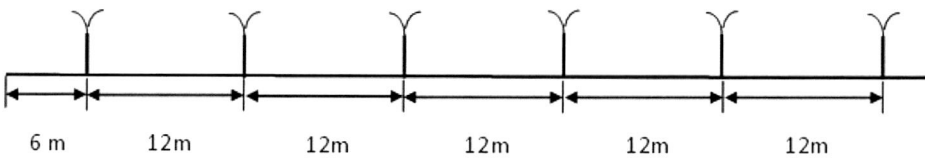

6 m   12m   12m   12m   12m   12m

El diámetro será aquel que cumpla con la regla de Christiansen (la diferencia de presión en el ramal no debe superar el 20% de la presión de trabajo o nominal). Las pérdidas de carga en el ramal se calculan según la expresión:

$$hf_R = F(\alpha) \cdot hf$$

Al ser aluminio, usamos la ecuación de Scobey para las pérdidas de carga (S.I.):

$$hf = \frac{K_S}{387}L\frac{U^{1,9}}{D^{1,1}} = 1{,}64 \cdot 10^{-3}\frac{L \cdot Q^{1,9}}{D^{4,9}}$$

Calculamos el factor de Christiansen para N=10 y m=1,9:

$$F = \frac{1}{m+1} + \frac{1}{2N} + \frac{(m-1)^{1/2}}{6N^2} = \frac{1}{1{,}9+1} + \frac{1}{2\cdot10} + \frac{(1{,}9-1)^{1/2}}{6\cdot10^2} = 0{,}396$$

Corregimos F considerando que el primer aspersor está a la mitad de distancia que los siguientes:

$$F(0.5) = \frac{N \cdot F - (1-\alpha)}{N - (1-\alpha)} = \frac{10 \cdot 0,396 - (1-0,5)}{10 - (1-0,5)} = 0{,}364$$

- Si D=2 pulgadas (0,05m). U=2,8 m/s

$$hf_R = 0{,}364 \cdot \frac{0{,}4}{387} \cdot 114 \cdot \frac{2{,}8^{1,9}}{0{,}05^{1,1}} = 8{,}19\ m > 20\%\ h_a = 0{,}2 \cdot 30 = 6\ m$$

La caída de presión excede los 6 m máximos permitidos. Por tanto, no es válido.

- Si D=2,5 pulgadas (0,063m). U=1,77 m/s

$$hf_R = 0{,}364 \cdot \frac{0{,}4}{387} \cdot 114 \cdot \frac{1{,}77^{1.9}}{0{,}063^{1.1}} = 2{,}70\ m < 20\%\ h_a = 0{,}2 \cdot 30 = 6\ m$$

La caída de presión en inferior al 20% de la presión nominal del emisor. Por tanto, se considera el diseño válido.

Si los ramales siguieran una determinada pendiente:

$$20\%h > hf_R \pm I_o \cdot L_R$$

+ si la pendiente es ascendente y – si la pendiente es descendente.

- Tubería auxiliar

Se tomará el mismo diámetro de 2,5 pulgadas. En la posición más alejada, la longitud de la tubería auxiliar será de 12x2=24 m.

$$hf_{aux} = \frac{0{,}4}{387} \cdot 24 \cdot \frac{1{,}77^{1,9}}{0{,}063^{1,1}} = 1{,}56\ m$$

- Tubería principal

Las tuberías se dimensionan para cada tramo considerando la tubería comercial más próxima para una velocidad de 1 m/s. En este caso, usamos la ecuación de Hazen-Williams para las pérdidas de carga (C=140).

$$hf = \left(\frac{U}{0,85 \cdot C \cdot \left(\frac{D}{4}\right)^{0,63}}\right)^{\frac{1}{0,54}} \cdot L = \left(\frac{Q}{0,85 \cdot \frac{\Pi \cdot D^2}{4} C \cdot \left(\frac{D}{4}\right)^{0,63}}\right)^{1,85} \cdot L$$

Tramo B3-B4	$q_R = 5,55 \times 10^{-3}$ m³/s	D=0,075m	hf=0,89m
Tramo B2-B3	$2q_R = 0,01$ m³/s	D=0,125m	hf=0,49m
Tramo B1-B2	$3q_R = 0,016$ m³/s	D=0,15m	hf=0,4m
Tramo P-B1	$4q_R = 0,02$ m³/s	D=0,175m	hf=1,27m

La suma de las pérdidas de carga en todos los tramos es de $\sum hf = 3,05$m.

Considerando pérdidas en singularidades del 10%:

$$hs = 10\% \, 3,05 = 0,305 \, m$$

Por tanto, la pérdida en la tubería principal será de:

$$hf_{TP} = 3,05 + 0,305 = 3,355m$$

- Potencia de bombeo

Se calcula según el ramal más alejado.

Desnivel geométrico	120 - (100 - 3) = 23 m
Presión de trabajo del aspersor	30 m
Altura portaaspersor	1 m
hf_R	2,7 m
hf_{aux}	1,6 m
hf_{TP}	3,365 m
H=	**61,5 m**

El caudal que pasará por la bomba es Q=0,02 m³/s, y considerando el rendimiento del 70%:

$$P = \frac{9800 \cdot 61,5 \cdot 0,02}{0,7} = 17220 \, W = 17,22 \, KW = 23,4 \, CV$$

Las presiones en los hidrantes serán:

B4	30+1+2,7+1,6=35,5m
B3	35,5+0,89=36,39m
B2	35,5+0,89+0,49=36,88m
B1	35,5+0,89+0,49+0,4=37,28m

En los que hay exceso de presión, se pueden colocar reguladores de presión.

15. En el croquis adjunto se representa una parcela rectangular de dimensiones (AB = 216 m) x (AC = 360 m) que se pretende regar por aspersión móvil utilizando el agua de un embalse de grandes dimensiones en el que la cota de su superficie se sitúa 65 m por encima de la del punto de entrada a la parcela y a una distancia de 500 m. Los datos relativos al suelo y cultivo son los siguientes:

- Capacidad de campo (Cc) = 25%   ;   Punto de marchitamiento (Pm) = 16% (porcentajes volumétricos).
- Profundidad de raíces del cultivo: 1 m.
- Necesidades de agua en el mes de máximo consumo: 2.400 $m^3 \cdot ha^{-1}$.
- Infiltración máxima admisible: 10 $mm \cdot h^{-1}$.

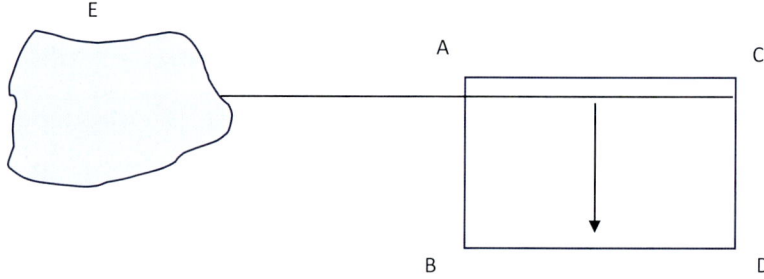

Disponiendo la alimentación de los laterales portaaspersores por un extremo y conociendo que la duración de la jornada es de 12 horas y que el régimen de vientos recomienda un marco de 12x18 m, se pide:

   1) Caudal por aspersor.

   2) Material de riego necesario.

   3) Diámetros de las tuberías portaaspersores y principal.

   4) Presión en el punto de entrada A.

DATOS:
    La altura de presión de trabajo del aspersor es de 30 m.c.a.

NOTAS:

- Las preguntas 3) y 4) se contestarán en los supuestos de que la parcela sea horizontal o tenga pendiente ascendente o descendente en el sentido de los laterales del 1,5%.
- Se desprecian alturas cinéticas y pérdidas en singularidades.

SOLUCIÓN:

1) El caudal del aspersor es el máximo compatible con la infiltración máxima

$$\frac{q_q\left(\frac{m^3}{h}\right) \cdot \left(\frac{10^3 l}{1\ m^3}\right)}{12 \cdot 18\ (m^2)} = 10 \left(\frac{l}{m^2 \cdot h}\right) \rightarrow q_a = 2{,}16\ m^3 \cdot h^{-1}$$

2) Para conocer el número de ramales necesarios en este riego móvil hay que calcular:

$$Dosis\ práctica = \frac{2}{3} \cdot 1\ m \cdot \frac{10000\ m^2}{1\ ha} \cdot \frac{(25-16)}{100}\left(\frac{m^3 agua}{m^3 suelo}\right)$$
$$= 600\ m^3 \cdot ha^{-1} = 0{,}06\ m$$

$$\frac{N^\underline{o}\ riegos}{mes} = \frac{2400}{600} = 4$$

$$Intervalo\ entre\ riegos = \frac{30\ \frac{días}{mes}}{4\ \frac{riegos}{mes}} = 7{,}5\ días$$

Número de horas de riego (t_r) para aplicar esa dosis:

$$Dosis = 0{,}06\ m = \frac{q_a}{12 \cdot 18} \cdot t_r = \frac{2{,}16\left(\frac{m^3}{h}\right) \cdot t_r(h)}{12 \cdot 18\ m^2} \rightarrow t_r = 6\ h$$

Luego, como la duración de la jornada de riego es de 12 h, podemos adoptar dos posturas por día.

Con un ramal se cubren:

$$2\ \frac{posturas}{día} \cdot 7,5\ días = 15\ posturas$$

Como el número total de posturas es de 320/18= 20, se necesitan dos ramales.

En este caso un ramal cubre 10 posturas, pero como podría cubrir 15, quizás fuera aconsejable disminuir el intervalo entre riegos y aumentar el número de riegos al mes.

Como son dos posturas por día:

$$Intervalo\ entre\ riegos = \frac{10}{2} = 5$$

$$\frac{N^{\underline{o}}\ de\ riegos}{mes} = \frac{30}{5} = 6$$

$$Dosis\ de\ riego = \frac{2400}{6} = 400\ \frac{m^3}{ha} = 0,04\ m$$

$$t_r = \frac{12 \cdot 18 \cdot 0,04}{2,16} = 4h$$

Otra opción sería mantener t_r=6 h y disminuir el caudal del aspersor:

$$q_a = \frac{12 \cdot 18 \cdot 0,04}{6} = 1,44 \; \frac{m^3}{h} \rightarrow V_{inf} = 6,67 \frac{mm}{h} < i_{max}$$

Adoptamos esta última solución al ser el caudal más pequeño.

3) El número de aspersores por ramal será 216/12=18 aspersores

$$Q_{ramal} = 18 \cdot 1,44 = 25,92 \frac{m^3}{h} = 0,0072 \frac{m^3}{s}$$

Al ser el ramal de aluminio, usamos la ecuación de Scobey para calcular las pérdidas de carga:

$$hf = \frac{K_S}{387} L \frac{U^{1,9}}{D^{1,1}} = 1,64 \cdot 10^{-3} \cdot \frac{L \cdot Q^{1,9}}{D^{4,9}}$$

Siendo K_s=0,4

Adoptando D=3"= 0,0762 m; L=216 m; hf=9,03 m

$$F = \frac{1}{m+1} + \frac{1}{2N} + \frac{(m-1)^{\frac{1}{2}}}{6N^2} = \frac{1}{1.9+1} + \frac{1}{2 \cdot 18} + \frac{(1,9-1)^{\frac{1}{2}}}{6 \cdot 18^2} = 0,373$$

luego: h_{framal}= 0,373 · 9,03 = 3,37 m

La variación de la altura de presión máxima admisible debe ser como máximo el 20% de los 30 m de presión de trabajo del aspersor, 6 m. Al ser la pérdida de carga en el ramal de 3,37 m, se considera admisible en el caso de ramal horizontal.

En el caso del ramal ascendente del 1,5 %, la diferencia de cota sería de 1,5% de 216 m igual a 3,24 m. Esta diferencia de cota, sumada a los 3,37 m de pérdida de carga del ramal, nos da una caída de presión de 6,67 m lo que no es admisible al ser mayor de 6 m.

En el caso del ramal descendente, 3,37 m de pérdida de carga menos la diferencia de cota de 3,24 m, nos da una diferencia de presión de 0,13 m, admisible al ser inferior a 6 m. En este caso, incluso se podría reducir el diámetro a 2,5" (0.0635 m), lo que produce una pérdida de carga (hf) de 8,27 m a la que restando la diferencia de cota de 3,24 m se obtiene una diferencia de presión de 5,03 m (admisible).

- Tramo de la postura 1 a la 10

Adoptamos un diámetro de 3" de aluminio y calculamos por la ecuación de Scobey

$$Q = 0,0072 \ m^3 \cdot s^{-1}; L = 180 \ m; U = 1,58 \frac{m}{s} \rightarrow h_{f\ 1-10} = 7,52 \ m$$

- Tramo de la postura 11 a la 20

Como alimenta dos ramales, adoptamos un diámetro de 4" de aluminio y calculamos por la ecuación de Scobey

$$Q = 0,0144 \ m^3 \cdot s^{-1}; L = 180 \ m; U = 1,78 \frac{m}{s} \rightarrow h_{f\ 11-20} = 6,86 \ m$$

- Tramo de A a E

Se consideran dos alternativas (Aluminio y PVC) ambas para el caudal de los dos ramales ($Q = 0,0144 \ m^3 \cdot s^{-1}$)

o Aluminio (se usa la ecuación de Scobey)

$$\emptyset = 4" = 0,1016 \ m; L = 500 \ m; U = 1,78 \frac{m}{s} \rightarrow h_{f\ A-E} = 19,1 \ m$$

Siendo la ecuación de Scobey en unidades del sistema internacional:

$$hf = 1,64 \cdot 10^{-3} \frac{L \cdot Q^{1,9}}{D^{4,9}}$$

    o   PVC (se usa la ecuación de Blasius)

$$\emptyset = 0,1 \ m; L = 500 \ m; U = 1.83 \frac{m}{s} \rightarrow h_{f \ A-E} = 13,09 \ m$$

Siendo la ecuación de Blasius en unidades del Sistema Internacional:

$$hf_{A-E} = 7,78 \cdot 10^{-4} \cdot Q_{A-E}^{1,75} \cdot D_{A-E}^{-4,75} \cdot L_{A-E}$$

4) Presión en A

$$\frac{P_A}{\gamma} = (Z_E - Z_A) - h_{f \ A-E} = 65 - h_{f \ A-E}$$

En el caso de aluminio

$$\frac{P_A}{\gamma} = (Z_E - Z_A) - h_{f \ A-E} = 65 - 19,1 = 45,9 \ m$$

En el caso de PVC

$$\frac{P_A}{\gamma} = (Z_E - Z_A) - h_{f \ A-E} = 65 - 13,09 = 51,9 \ m$$

Considerando que las pérdidas en parcela son:

$$h_{f \ parcela} = h_{f \ ramal} + h_{f \ 1-10} + h_{f \ 11-20} = 17,75 \ m$$

Se puede calcular la altura de presión en el punto más desfavorable y comprobar si es aceptable o no:

$$Altura\ en\ el\ punto\ más\ desfavorable = \frac{P_A}{\gamma} - h_{f\ parcela} + \Delta Z$$

El cual adquiere los siguientes valores para cada uno de los casos:

Material/pendiente	Horizontal	Descendente
Aluminio	28,15<30 (No aceptable)	31,39>30 (Aceptable)
PVC	34,15>30 (Aceptable)	37,42>30 (Aceptable)

En el caso de que en el ramal descendente se adoptara un diámetro de 2,5":

$$h_{f\ parcela} = 8{,}27 + 7{,}52 + 6{,}86 = 22.65\ m$$

Lo que nos da una altura de presión en el punto más desfavorable de 26,49 m en el caso de aluminio (no aceptable) y de 32,39 m en el caso de PVC (aceptable).

Es decir, si el ramal es de PVC, la altura de presión en el punto más desfavorable siempre es aceptable. Si el ramal es de aluminio, no sería aceptable si el ramal es horizontal y en el caso de ramal descendente, solo sería si su diámetro fuera de 3", lo que encarecería los costes.

16. Una finca de tamaño rectangular, especificada en el dibujo adjunto, se va a regar mediante un sistema de aspersión fijo.

Se pide:

a) Diseñar la tubería principal enterrada, la portaaspersores, la superficial que une ambas y la de aspiración.

b) Si se instalan dos bombas iguales en paralelo, calcular la potencia de cada una.

c) Línea piezométrica de la tubería principal.

DATOS:

AC = DE = 540 m.
AD = CE = 360 m.
Aspersores: Marco: 12x18 m.
              Presión trabajo: 3,5 kgf/cm^2.
              Caudal: 1,5 m^3/h.
              Altura: 1 m.
Distancia entre hidrantes: 90 m.
Longitud tubería aspiración: 10 m.
Nivel medio del río: 6 m.
Suponer pérdidas en singularidades: 7% pérdidas en tuberías.
Rendimiento grupo motobomba: 68%.
La tubería principal es de hormigón, las superficiales de aluminio y la de aspiración de fundición.
Los diámetros comerciales de los ramales y tuberías superficiales se miden en pulgadas. Las de hormigón y de hierro van de 5 en 5 cm.

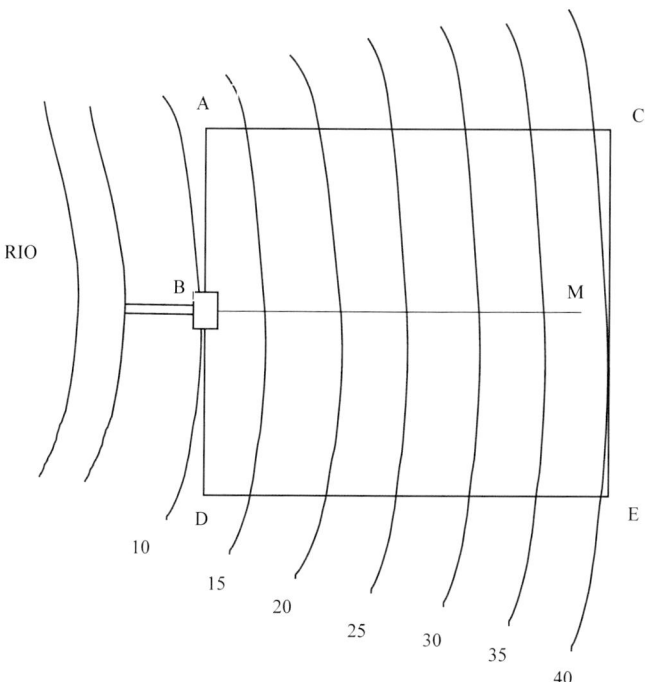

SOLUCIÓN:

a) Para diseñar las diferentes tuberías, primero hay que calcular el caudal que circula por ellas.

Número de hidrantes o bocas de riego:

$$\frac{540}{90} = 6$$

(Que ocupan las posiciones 1-2-3-4-5-6 en el dibujo)

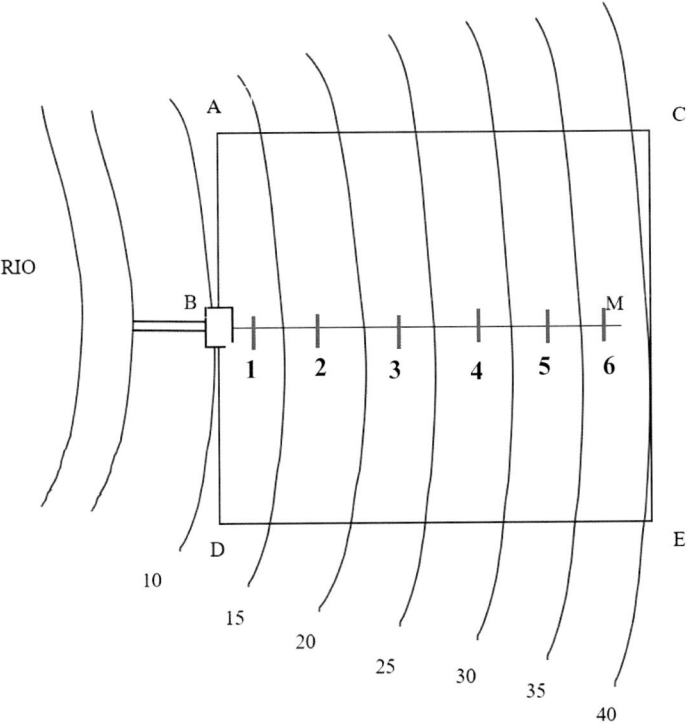

Número de ramales que abastece cada boca por cada lado:

$$\frac{90}{18} = 5$$

Número de aspersores por cada ramal:

$$\frac{360/2}{12} = 15$$

Ramales:

$$Q_r = 15 \cdot 1{,}5 = 22{,}5 \; m^3 \cdot h^{-1} = 6{,}25 \cdot 10^{-3} \; m^3 \cdot s^{-1}$$

$$L_r = 12 \cdot (15 - 1) + 6 = 174 \; m$$

(el primer aspersor está a 6m de la tubería porta ramales y a 12 m del aspersor que está en primer lugar en la tubería porta ramales del otro lado de la boca de riego)

Como los ramales son de aluminio, se usa la fórmula de Scobey (en el S.I):

$$hf = 1{,}64 \cdot 10^{-3} \cdot \frac{L \cdot Q^{1,9}}{D^{4,9}}$$

Si suponemos que U = 1 m. s⁻¹, lo que implica un diámetro D= 0,089 m, de acuerdo con la ecuación de continuidad:

$$Q = U \cdot \frac{\pi \cdot D^2}{4}$$

Consideramos tres supuestos, adoptando:

$$D = 3^{"} = 0{,}0762 \; m \Rightarrow U = 1{,}37 \; m \cdot s^{-1}; F_{15} = 0{,}383; h_f = F \cdot h'_f = 2{,}13 \; m$$

$$D = 2{,}5^{"} = 0{,}0635 \; m \Rightarrow U = 1{,}97 \; m \cdot s^{-1}; F_{15} = 0{,}383; hf = F \cdot h'_f = 5{,}21 \; m$$

$$D = 2^{"} = 0{,}0508 \; m \Rightarrow U = 3{,}08 \; m \cdot s^{-1}; F_{15} = 0{,}383; hf = F \cdot h'_f = 15{,}56 \; m$$

Siendo F_{15} el coeficiente de Christiansen para 15 aspersores y hf las pérdidas de carga obtenidas mediante la ecuación de Scobey.

Al diseñar un ramal de aspersión, el factor limitante no es la velocidad sino las pérdidas de carga para que no se supere la variación de altura de presión máxima admisible y haya uniformidad.

$$\Delta \left(\frac{P}{\gamma} \right)_{Max} = h_f = \frac{20}{100} \cdot 35 = 7 \; m$$

(No hay variación de altura geométrica a lo largo del ramal)

Esta variación la cumplen los diámetros de 2,5" y 3". Se elige D= 2,5" por razones económicas y de facilidad en el transporte.

<u>Tubería que une la boca de riego y los ramales.</u>

Se adopta D =3" = 0,0762m pues puede abastecer dos ramales como máximo. Esta tubería tiene dos tramos:

- Uno de L = 18m que conduce Q = 6,25. 10^3 m^3. s^{-1} (1 ramal)

- Otro de L = 18m que conduce Q = 12,5. 10^3 m^3. s^{-1} (2 ramales)

Las pérdidas de carga usando Scobey serían:

hf_1 = 0,576 m; U_1 = 1,37 m/s

hf_2 = 2,15 m; U_2 = 2,74 m/s

Aunque la velocidad U_2 sea elevada no es problemática pues el tramo es de corta longitud y no es operativo ni práctico poner los dos tramos con diferente diámetro.

Sin embargo, otra opción es que de la boca de riego salga una sola tubería que abastezca a los ramales a ambos lados. En este caso, adoptando D= 4"=0,1016 m, resulta:

Tramo 1: Q_1=12,5· $10^3 m^3/s \Rightarrow U_1$ = 1,54 m/s $\Rightarrow hf_1$ = 0,525 m

Tramo 2: Q_2 = 25 ·10^3 $m^3/s \Rightarrow U_2$ =3,08 m/s $\Rightarrow hf_2$ = 1,96 m

Se adoptará esta segunda solución por razones económicas y de manejo.

Tubería principal

Como se calculó al principio, existen 6 bocas. La tubería es de hormigón. Para calcular las pérdidas de carga usamos la ecuación de Darcy-Weisbach.

$$hf = f \cdot \frac{L}{D} \cdot \frac{U^2}{2g}$$

obteniéndose f del diagrama de Moody, ver Anexo IX, considerado que k = 0,3 mm para este material.

A continuación, calculamos los diámetros adoptando una velocidad de 1m/s y eligiendo el diámetro comercial más próximo:

Tramo	D (m)	L (m)	Q (m^3/s)	U (m/s)	Número de Reynolds	k/D	f	hf (m)
5-6	0,30	90	$6,25 \cdot 10^{-2}$	0,88	$2,64 \cdot 10^5$	10^{-3}	0,021	0,250
4-5	0,40	90	$1,25 \cdot 10^{-1}$	0,995	$3,98 \cdot 10^5$	$7,5 \cdot 10^4$	0,0193	0,219
3-4	0,50	90	$1,875 \cdot 10^{-1}$	0,955	$4,78 \cdot 10^5$	$6 \cdot 10^4$	0,0185	0,155
2-3	0,55	90	$2,50 \cdot 10^{-1}$	1,05	$5,78 \cdot 10^5$	$5,5 \cdot 10^4$	0,018	0,165
1-2	0,65	90	$3,125 \cdot 10^{-1}$	0,94	$6,11 \cdot 10^5$	$4,6 \cdot 10^4$	0,0175	0,108
B-1	0,70	45	$3,75 \cdot 10^{-1}$	0,97	$6,79 \cdot 10^5$	$4,3 \cdot 10^4$	0,017	0,052
							TOTAL	0,949

Tubería de aspiración

$$Q_{Total} = 0,375 \ \frac{m^3}{s}$$

Dado que cada bomba tiene una aspiración independiente, el caudal de cada una de ellas será:

$$Q_B = \frac{0,375}{2} = 0,1875 \ \frac{m^3}{s}$$

Suponiendo que el material es de fundición (k = 0,25mm) y adoptando una velocidad de 1 m/s, se obtiene un diámetro de 0,489 m, por lo que se elige el diámetro comercial más cercano (0,5 m). Así, la velocidad será de 0,955 m/s. Con esto, se obtiene un número de Reynolds de $4,78 \cdot 10^5$ y una aspereza relativa (k/D) de $5 \cdot 10^4$. Entrado en el diagrama de Moody con estos datos se obtiene que f es 0,0178, lo que nos lleva a unas pérdidas de carga h_f = 0,017m para una longitud de tubería de 10 m.

b) La energía que cada bomba debe aportar:

Ramal	5,21 m	
Tubería superficial	2,485 m	
Tubería principal	0,949 m	
Tubería de aspiración	0,017 m	
Total pérdidas en tuberías		8,661 m
Pérdidas en singularidades (7% del total)		0,606 m
ΔZ (nivel del río – nivel del aspersor más desfavorable)		34 m
Altura tubo portaaspersor		1 m
Altura de presión en el aspersor		35 m
ΔH		79,267 m

Potencia de cada bomba:

$$P = \frac{9800 \left(\frac{N}{m^3}\right) \cdot 0,1875 \left(\frac{m}{s}\right) \cdot 79,267 (m)}{0,68} = 214\ kW = 285,6\ CV$$

c) El perfil de la tubería principal es:

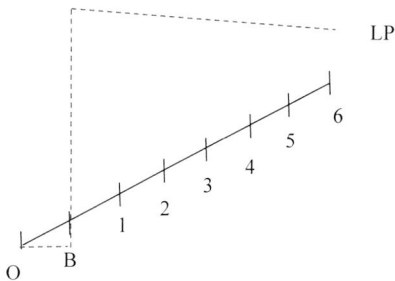

siendo LP=Línea piezométrica

El cálculo de la altura piezométrica en cada punto sería:

$$P_0 = 0; Z_0 = 6\ m; h_0 = \frac{P_0}{\gamma} + Z_0 = 6\ m$$

$$\frac{P_0}{\gamma} + z_0 = \frac{P_B}{\gamma} + Z_B + \frac{U_B^2}{2 \cdot g} + h_{f\,0-B}$$

$$\Rightarrow h_B = \frac{p_B}{\gamma} + z_B = 6 - \frac{0,955^2}{2 \cdot 9,8} - 0,017 = 5,94\ m$$

$$\frac{P_B}{\gamma} + Z_B + \frac{u_B^2}{2 \cdot g} + \Delta H = \frac{P_1}{\gamma} + z_1 + \frac{U_1^2}{2 \cdot g} + hf_{B-1}$$

de donde:

$$h_1 = 5{,}94 + \frac{0{,}955^2}{2 \cdot 9{,}8} + 79{,}26 - \left(\frac{0{,}97^2}{2 \cdot 9{,}8} + 0{,}052\right) = 85{,}153\ m$$

y así sucesivamente obteniéndose:

$$h_2 = 85{,}048\ m; h_3 = 84{,}872\ m; h_4 = 84{,}727\ m; h_5 = 84{,}504\ m; h_6 = 84{,}265\ m$$

y las alturas de presión en cada boca de riego serían:

$$\frac{P_1}{\gamma} = 85{,}153 - 12{,}5 = 72{,}653\ m$$

$$\frac{P_2}{\gamma} = 85{,}048 - 17{,}5 = 67{,}548\ m$$

$$\frac{P_3}{\gamma} = 84{,}872 - 22{,}5 = 62{,}372\ m$$

$$\frac{P_4}{\gamma} = 84{,}727 - 27{,}5 = 57{,}227\ m$$

$$\frac{p_5}{\gamma} = 84{,}504 - 32{,}5 = 52{,}004\ m$$

$$\frac{P_6}{\gamma} = 84{,}265 - 37{,}50 = 46{,}765\ m$$

17. Para el riego por aspersión de un cultivo de primavera en la parcela rectangular indicada en el croquis se dispone de agua procedente de un embalse cuyo nivel libre se sitúa a 43 m bajo el punto O de entrada a la parcela. La distribución de agua se realizará con una tubería enterrada que sigue el lado mayor de la parcela, de donde parten las tuberías principales y los ramales de aspersión recorriendo el lado menor de la misma. La parcela es plana y horizontal.

Se dispone de los siguientes datos:

- Dosis de riego: 500 m³/ha.

- Lluvia máxima recomendada: $i_i = 6,25$ mm/h.

- El número efectivo de días de riego en el mes de máximas necesidades es de 24.

- La jornada de riego tendrá una duración de 16 h, no existiendo problemas en cuanto a la disponibilidad de mano de obra para el cambio de ramales.

- Las necesidades de cultivo en el mes de máximas necesidades (30 días) se han estimado en 5 mm/día.

- Los vientos débiles, pero de dirección variable, aconsejan marcos cuadrados y con grandes espaciamientos: 18 x 18 m.

- Los aspersores disponibles en el mercado trabajan todos a una presión de 3,5 kgf/cm².

- Las tuberías portaaspersores y principal serán de aluminio con diámetros comerciales existentes cada 25 mm (de 50 a 100 mm).

- La tubería enterrada será de hormigón (C = 140) con diámetros comerciales existentes cada 50 mm.

- La concesión de agua del embalse es de 13,5 L/s durante las 16 horas de riego al día.

Se pide:

1) Caudal del aspersor, turno de riego, número de ramales de riego necesarios y número de bocas de riego.

2) Diseño de las tuberías móviles (portaaspersores y principal) y enterrada.

3) Si la distancia desde el embalse hasta el punto O es de 1000 m, calcular la potencia necesaria en la bomba que debe impulsar el agua de riego a través de una tubería de conducción desde el embalse a la parcela del mismo material que la enterrada.

NOTA: Se desprecian pérdidas en singularidades.

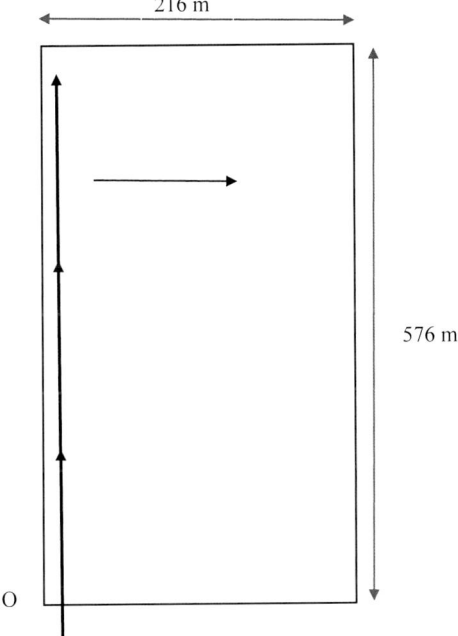

SOLUCIÓN:

1) Dosis de riego = 500 m³/ha = 0,05 m = H_b

En el caso más desfavorable, la lluvia del aspersor debe igualar a la infiltración máxima del suelo:

$$i_i = i_h = \frac{Q_a}{e_a \cdot e_r}$$

Siendo:

Q_a = caudal del aspersor

e_a = distancia entre aspersores en un mismo ramal

e_r = distancia entre ramales

$$Q_a = 6{,}25 \cdot 10^{-3}\ \frac{m}{h} \cdot 18\ m^2 = 2{,}025\ \frac{m^3}{h}$$

El tiempo de riego se calculará teniendo en cuenta el caudal, el marco y la lámina o dosis a aplicar:

$$t_{ar} = \frac{H_b}{i_h} = \frac{H_b}{Q_a/(e_a \cdot e_r)} = \frac{0{,}05\ m}{\dfrac{2{,}025\ m^3/h}{18 \cdot 18\ m^2}} = 8\ h$$

Como se dispone de 16 horas efectivas de riego al día, se regará con dos posiciones por día.

Dado que la concesión es de 13,5 L/s al día, en cada riego podrán regar simultáneamente:

$$N_a = \frac{13{,}5 \cdot 10^{-3}\ \dfrac{m^3}{s}}{\dfrac{2{,}025\ m^3/h}{3600\ s/h}} = 24\ aspersores$$

Como cada ramal tiene N=216/18 = 12 aspersores, podrán estar regando simultáneamente 2 ramales y, por tanto, al día se regarán con dos posturas de dos ramales cada una, es decir, se cubren 4 posturas al día.

Dado que el número total de posiciones para regar toda la finca es de Np = 576/18 = 32, Se necesitan 32/4 = 8 días para dar un riego.

Los riegos / mes se calculan dividiendo las necesidades mensuales (5×10^{3} m/día × 30 días) entre la dosis de riego:

$$\frac{5 \cdot 10^{-3} \frac{m}{día} \cdot 30 \ días}{0,05 \ m} = 3 \ \frac{riegos}{mes}$$

en el mes de máximas necesidades.

El número de riegos por mes se puede calcular también dividiendo el número efectivo de días de riego (24) entre el número de días necesario para dar un riego (8):

$$\frac{24}{8} = 3 \ \frac{riegos}{mes}$$

Como ya se ha comentado, tenemos dos ramales que pueden regar simultáneamente y cada ramal puede regar en dos posiciones diferentes cada día, por lo que con dos ramales sería suficiente para regar toda la parcela en 8 días:

$$2 \ (ramales) \cdot 2 \left(\frac{posturas}{ramal \cdot dia} \right) \cdot 8 \ días = 32 \ posturas$$

El número de bocas de riego depende del número de posturas de ramales que abastezca. En este caso, es preferible que abastezca un número par de posiciones, ya que las posturas posibles son 32. Se elige que cada boca abastezca a 4 posturas y el número de bocas sería:

$$\frac{576}{18 \cdot 4} = 8 \ bocas$$

2) Ramales o porta aspersores

Como se utilizan tuberías de aluminio, la ecuación de pérdidas de carga usada es la de Scobey, que en unidades del S. I. se escribe como:

$$h_f = F \cdot 1{,}64 \cdot 10^{-3} \cdot \frac{L \cdot Q_r^{1,9}}{D_r^{4.9}}$$

Adoptando como coeficiente de aspereza k_s=0,40 y siendo F el factor de Christiansen:

$$F = \frac{1}{m+1} + \frac{1}{2 \cdot N} + \frac{(m-1)^{1/2}}{6 \cdot N^2} = \frac{1}{2{,}9} + \frac{1}{24} + \frac{0{,}9^{1/2}}{864} = 0{,}3876$$

Al tratarse de una parcela plana y horizontal:

$$hf_{\max} = \Delta h = 20\% \cdot \frac{p_a}{\gamma}$$

para mantener la uniformidad entre aspersores del mismo ramal.

$$hf_{\max} = 20\% \cdot 35 \, (m) = 7m$$

$$Q_r = 12 \cdot \frac{2{,}025 \, \frac{m^3}{h}}{3600 \, \frac{s}{h}} = 6{,}75 \cdot 10^{-3} \, \frac{m^3}{s}$$

y despejando el diámetro de la ecuación de Scobey:

$$D_r = \left(\frac{1{,}64 \cdot 10^{-3} \cdot 216(m) \cdot \left(6{,}75 \cdot 10^{-3} \left(\frac{m^3}{s}\right)\right)^{1,9} \cdot 0{,}3876}{7} \right)^{\frac{1}{4,9}} = 0{,}0645 \, m = 64{,}5 \, mm$$

Como los diámetros comerciales van de 25 en 25 mm, se adopta como diámetro del ramal el valor en exceso, con lo que garantizamos que las pérdidas de carga sean inferiores a las máximas permitidas.

Se adopta D_r = 75 mm $\Rightarrow$ hf_r = 3,55m $<$ hf_{max}

Tubería principal

La tubería principal es la que une la boca de riego con el ramal. Tendrá, por tanto, una longitud máxima de 27 (18+9) m.

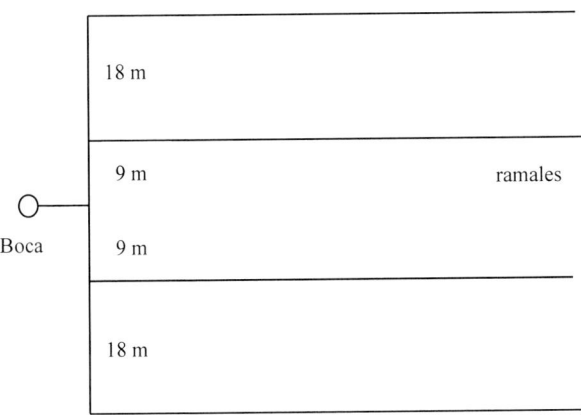

La disposición de los ramales nos permite considerar que solo abastece a un ramal de manera simultánea, por lo que se dimensionará con el mismo diámetro que el ramal: D_p = 75 mm y las pérdidas de carga, usando nuevamente la ecuación de Scobey, serán:

$$hf_p = \frac{1,64 \cdot 10^{-3} \cdot 27\,(m) \cdot \left(6,75 \cdot 10^{-3}\,\frac{m^3}{s}\right)^{1,9}}{0,075^{4.9}} = 1,08m$$

Tubería enterrada

Si se riega con dos ramales separados entre si dieciséis posiciones, la tubería enterrada tendrá dos tramos conduciendo diferente caudal: uno de la B4 a la B8 de L_{B4-B8}=288 m que conduce el caudal de un ramal y el resto desde la entrada de la parcela a la B4 de L_{O-B4} = 252 m por el que circula el caudal de dos ramales.

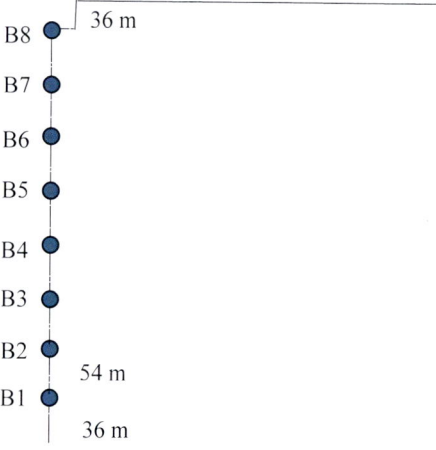

Si se considera una velocidad máxima de 1 m/s en ambos tramos, de la ecuación de continuidad:

$$\phi_{B4-B8} = \left(\frac{4 \cdot 6{,}75 \cdot 10^{-3}}{\pi}\right)^{\frac{1}{2}} = 0{,}0927 \ m$$

$$\phi_{O-B4} = \left(\frac{4 \cdot 2 \cdot 6{,}75 \cdot 10^{-3}}{\pi}\right)^{\frac{1}{2}} = 0{,}131 \ m$$

Por lo que se adopta:

Ø $_{B4-B8}$ = 100 mm; luego u $_{B4-B8}$ = 0,86 m/s
Ø $_{O-B4}$ = 150 mm; luego u $_{O-B4}$ = 0,76 m/s

y por tanto, las pérdidas de carga calculadas por Hazen-Williams serían:

$$hf_{\text{B4-B8}} = \left(\frac{0,86}{140 \cdot 0,85 \cdot \left(\frac{0,1}{4}\right)^{0,63}}\right)^{\frac{1}{0,54}} \cdot 288 = 2,31\ m$$

$$hf_{\text{0-B4}} = \left(\frac{0,76}{140 \cdot 0,85 \cdot \left(\frac{0,15}{4}\right)^{0,63}}\right)^{\frac{1}{0,54}} \cdot 252 = 1,00\ m$$

3) La tubería de conducción desde el embalse conduce el mismo caudal que la tubería 0-B4, por lo que se asigna igual diámetro y tendría igual velocidad. Las pérdidas de carga serían entonces:

$$hf_{\text{E-0}} = \left(\frac{0,76}{140 \cdot 0,85 \cdot \left(\frac{0,15}{4}\right)^{0,63}}\right)^{\frac{1}{0,54}} \cdot 1000 = 3,97\ m$$

La energía necesaria en la bomba se calcularía como:

$$\Delta H = \Delta z + \frac{\Delta P}{\gamma} + \sum hf = 43 + 35 + (3,97 + 1,00 + 2,31 + 1,00 + 3,35) = 89,71\ m$$

Luego:

$$P = \frac{\gamma \cdot Q \cdot \Delta H}{75 \cdot \eta} = \frac{1000 \cdot 13,5 \cdot 10^{-3} \cdot 89,71}{75 \cdot 0,7} = 23,07\ CV = 16,98\ kW$$

Como el aspersor va montado sobre un tubo o caña, habría que haber considerado también la altura de esta en el ΔH. Tampoco se han considerado las pérdidas en singularidades, pues así se indica en el enunciado. En su caso serán en torno al 5-10 % de las pérdidas en tuberías.

18. Se proyecta regar por aspersión una superficie llana en un campo que dispone de un pozo en el que se ha aforado un gasto permanente de 10 L/s.

Se propone la instalación de un sistema conforme al tendido de ramales convencionales indicado en el croquis adjunto.

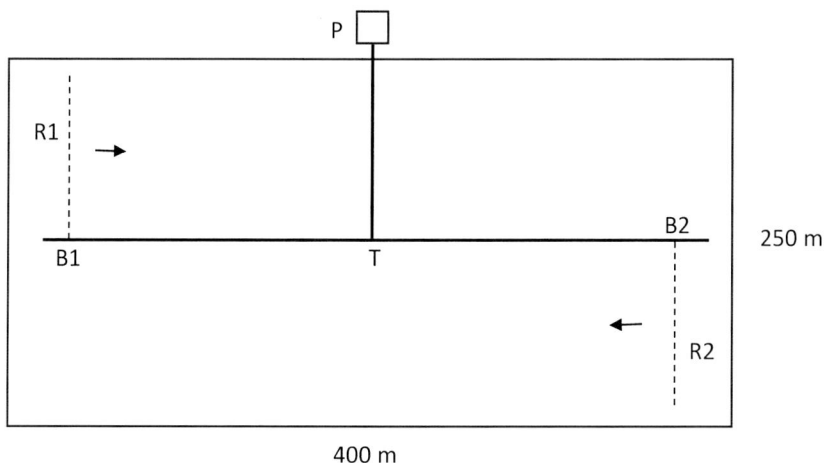

P: Pozo B: Boca de Riego   T: Té de derivación   R: Ramal

El equipo constituido por una tubería principal, de PVC, ramales móviles, de aleación ligera, aplicará directamente el gasto bombeado desde el pozo.

Se consideran aspersores con las características que siguen:

$$Q_a = 0,5 \cdot 10^{-3} \ m^3 \cdot s^{-1}$$

$$P_a = 350 \cdot 10^3 \ Pa$$

La intensidad máxima de lluvia que admite el suelo, sin encharcamiento, es de 10 $mm \cdot h^{-1}$.

Para calcular el coste de la energía empleada, se supondrá que el equipo trabaja 2.000 h/campaña y que el precio del kW·h es de 0,06 euros. Asimismo, que el nivel estático del pozo está a 5 m bajo el suelo y que el abatimiento dinámico de bombeo es de 2 m.

Bajo las condiciones de viento dominantes en el campo de riego, los ensayos con el marco 12 x 18 sugerido por el fabricante han dado lugar a un coeficiente de uniformidad C_u = 80. La evaporación desde el chorro fue evaluada en un 10%.

Se estima que la sensibilidad del cultivo a riegos deficitarios admite un coeficiente de déficit C_d = 0,05.

Se pide:

a) Diseñar el sistema hidráulico.

b) Potencia de la bomba y coste anual de energía.

c) Estimar el rendimiento de aplicación (R_a), la lámina neta (H_n), la lluvia media ($\overline{H}$), la lámina bruta (H_b) y el tiempo de riego (t_{ar}), considerando que H_r = 0,07 m.

SOLUCIÓN:

a) La intensidad de lluvia aplicada por el aspersor es

$$i_h = \frac{Q_a}{S_a \cdot S_r} = \frac{0,5 \cdot 10^{-3} \cdot 3600}{12 \cdot 18} = 8,33 \cdot 10^{-3} m/h < 10 mm/h$$

No hay encharcamiento.

- Diseño de ramales

Adoptamos una longitud de ramal de 120m con N=10 aspersores. La variación máxima de presión en el ramal será:

$$\Delta h = hf_{max} = 0,2 \cdot 35 = 7m$$

Las pérdidas de carga en el ramal se calculan según la expresión:

$$hf_R = F(\alpha) \cdot hf$$

Al ser aluminio, usamos la ecuación de Scobey para las pérdidas de carga.

$$hf = \frac{K_S}{387} \cdot L \cdot \frac{U^{1,9}}{D^{1,1}} = 1,64 \cdot 10^{-3} \cdot \frac{L \cdot Q^{1,9}}{D^{4,9}}$$

Calculamos el factor de Christiansen para N=10 y m=1,9:

$$F = \frac{1}{m+1} + \frac{1}{2 \cdot N} + \frac{(m-1)^{\frac{1}{2}}}{6 \cdot N^2} = \frac{1}{1,9+1} + \frac{1}{2 \cdot 10} + \frac{(1,9-1)^{\frac{1}{2}}}{6 \cdot 10^2} = 0,396$$

Corregimos F considerando que el primer aspersor está a la mitad de distancia que los siguientes:

$$F(0.5) = \frac{N \cdot F - (1-\alpha)}{N - (1-\alpha)} = \frac{10 \cdot 0,396 - (1-0,5)}{10 - (1-0,5)} = 0,364$$

El caudal del ramal sería

$$Q_R = N \cdot Q_a = 5 \cdot 10^{-3} \frac{m^3}{s}$$

Si adoptamos una tubería de 2,5 pulgadas (0,0635m).

$$hf = 0,364 \cdot 4,1 \cdot 10^{-3} \frac{120 \cdot 0,005^{1.9}}{0,0635^{4.9}} = 2,23m < 7m$$

- Diseño de la tubería secundaria

La ecuación de pérdidas de carga será Blasius al ser PVC. El criterio para la adopción de diámetros será el de máxima velocidad. Consideramos U_{max} de 1,5 m/s.

$$Ds = \sqrt{\frac{4 \cdot Q_R}{U_{max} \cdot \pi}} = \sqrt{\frac{4 \cdot 0,005}{1,5 \cdot \pi}} = 0,065 \ m \rightarrow Ds = 0,07 \ m \rightarrow U = 1,3 \ m/s$$

- Diseño de la tubería principal

$$Ds = \sqrt{\frac{4 \cdot Q_R}{U_{max} \cdot \pi}} = \sqrt{\frac{4 \cdot 0,01}{1,5 \cdot \pi}} = 0,092m \rightarrow Dp = 0,1m \rightarrow U = 1,27 \ m/s$$

b)

Aplicando Bernoulli entre un punto de la superficie libre del agua en el pozo y el aspersor más desfavorable (el último aspersor del ramal situado en la última posición de la secundaria)

$$H_0 + \Delta H = H_a + \sum hf_{ca}$$

Si el plano de comparación lo situamos en la superficie libre del pozo.

$$H_a = \frac{p_a}{\gamma} + Z_a + \frac{U_a^2}{2g} = 35 + 8 = 43 \ m$$

Se desprecia el sumando cinético y se considera la altura del tubo portaaspersor de 1m.

Las pérdidas de carga serán la suma de las pérdidas en el ramal, más las pérdidas en las tuberías principal y secundaria, más las pérdidas en singularidades (se consideran un 10% del total).

$$hf_{TP} = 7,78 \cdot 10^{-4} \cdot Q_P^{1,75} \cdot D_P^{-4,75} \cdot L_P = 7,78 \cdot 10^{-4} \cdot 0,01^{1,75} \cdot 0,1^{-4,75} \cdot 125 = 1,73 \ m$$

$$hf_{TS} = 7,78 \cdot 10^{-4} \cdot Q_S^{1,75} \cdot D_S^{-4,75} \cdot L_S = 7,78 \cdot 10^{-4} \cdot 0,005^{1,75} \cdot 0,07^{-4,75} \cdot 200 = 4,48 \ m$$

$$hf_{Ramal} = 2,23 \ m$$

$$\sum hf_{CA} = 1,1 \cdot (1,73 + 4,48 + 2,23) = 9,3 \, m$$

El incremento total de energía será:

$$\Delta H = 43 + 9,3 = 52,3 \, m$$

Si consideramos un rendimiento del bombeo del 60%, la potencia de la bomba será:

$$P = \frac{1000 \cdot 0,01 \cdot 52,3}{0,6 \cdot 75} = 11,6 \, CV = 8,54 \, kW$$

El coste de funcionamiento será:

$$C = 2000 \, horas \cdot 8,54 \, kW \cdot 0,06 \, \frac{€}{kWh} = 1024,8 \, €$$

c)

Del diagrama de operación (Anexo VII) para Cd=0,05 y CU=80%, obtenemos que Ra =80% y $\frac{Hr}{\overline{H}} = 0,84$

Como $Hr = 0,07 \rightarrow \overline{H} = 0,0826m \rightarrow Hn = \overline{H} \cdot Ra = 0,06608 \, m$

Considerando el rendimiento de evaporación igual a 0,9:

$$Hb = \frac{\overline{H}}{0,9} = 0.0918 \, m$$

Por tanto, el tiempo de aplicación del riego será:

$$t_{ar} = \frac{H_b}{i_h} = \frac{0,09181}{8,33 \cdot 10^{-3}} \sim 11 \, horas$$

19. En el esquema representado, un conducto forzado se alimenta de un canal en la toma *T*, a cota 285, y lleva un gasto de 30 l/s a un campo de riego por aspersión situado a cota 245.

Desde el punto *D* se abastecen 16 bloques, de aproximadamente 1 ha cada uno. El riego de cada bloque, controlado en cabeza por un regulador de presión tarado a 35 m.c.a., se realiza mediante 36 aspersores en marco 15 × 18, con caudal nominal de 1500 L/h a 30 m.c.a. de presión.

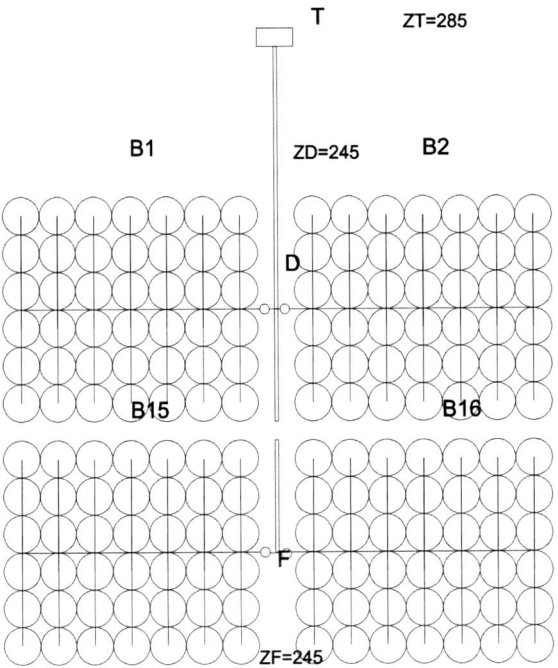

Se pide:

a) Determinar los diámetros de las tuberías de PVC de los tramos *T-D*, de 2 km de longitud, y *D-F*, de 700 m de longitud, para disponer por gravedad de las presiones necesarias.

b) Estimar las diferencias de presión y gasto de los aspersores dentro de cada bloque. Supóngase tubería de polietileno, siendo el diámetro del ramal 32 mm y el de la tubería terciaria 110 mm.

c) Estimar el tiempo de aplicación necesario para aportar una lámina requerida de 60 mm y los resultados del riego. Considérese a este respecto que, en las situaciones de trabajo y en el marco elegido, el coeficiente de uniformidad de Christiansen es $C_u \approx 85$.

SOLUCIÓN:

a) El caudal de cada bloque es de:

$$Q_{bloque} = 42 \cdot 1{,}5 = \frac{63 \; m^3}{h} = 17{,}5 \; \frac{L}{s}$$

Regarán simultáneamente dos bloques. Consideramos que riegan de forma simultánea los bloques: el 1 y el 15; el 2 y el 16; el 3 y el 13; etc.

La tubería D-F se puede diseñar de forma telescópica. No obstante, como en gran parte de su longitud debe ser calculada para abastecer a dos bloques, vamos a simplificar el diseño y consideramos que el diámetro es único.

Suponiendo una velocidad de 1 m/s, estimamos el diámetro de la tubería.

$$D_{D-F} = \sqrt{\frac{Q \cdot 4}{\pi \cdot U_{max}}} = \sqrt{\frac{0{,}035 \cdot 4}{\pi \cdot 1}} = 0{,}195 \; m$$

Asumimos un diámetro comercial de 200 mm, lo que implica una velocidad de 0,95 m/s.

Calculando las pérdidas de carga en dicha tubería mediante Blasius:

$$\begin{aligned} hf_{D-F} &= 7{,}78 \cdot 10^{-4} \cdot Q_{D-F}^{1{,}75} \cdot D_{D-F}^{-4{,}75} \cdot L_{D-F} \\ &= 7{,}78 \cdot 10^{-4} \cdot 0{,}035^{1{,}75} \cdot 0.2^{-4{,}75} \cdot 700 = 2{,}46 \; m \end{aligned}$$

Considerando que en F existe como mínimo la presión que necesita el regulador de presión:

$$h_D = h_F + hf_{D-F} = 35 + 2,46 = 37,46\ m$$

Aplicando Bernoulli entre T y D:

$$z_T = z_D + h_D + hf_{T-D} = 245 + 37,46 + hf_{T-D} = 285\ m$$

De donde las pérdidas de carga entre T y D son de 2,54 m.

Usando la ecuación de Blasius, estimamos el diámetro entre T y D que nos genera la pérdida de carga anteriormente calculada.

$$hf_{T-D} = 7,78 \cdot 10^{-4} \cdot 0.035^{1,75} \cdot D_{T-D}^{-4,75} \cdot 2000 = 2,54\ m$$

Esto nos lleva a un diámetro de tubería entre T y D de 0,247 m. Adoptamos el diámetro comercial más cercano, de 250 mm.

b) La longitud de cada ramal, que tiene 3 aspersores es:

$$L_R = 15 \cdot 2 + 7,5 = 37,5\ m$$

El caudal en el ramal es el de los tres aspersores:

$$Q_R = 3 \cdot q_a = 4500\ \frac{L}{h} = 1,25 \cdot 10^{-3}\ \frac{m^3}{s}$$

La longitud de la tubería secundaria:

$$L_S = 18 \cdot 6 + 9 = 117\ m$$

El caudal de la secundaria corresponderá a la suma del correspondiente a los 14 ramales a los que abastece:

$$Q_S = 14 \cdot Q_R = 17{,}5 \cdot 10^{-3} \frac{m^3}{s}$$

Calculamos los factores de Christiansen con la corrección para el primer aspersor, tanto para el ramal como para la secundaria.

$$F_R = 0{,}546 \, ; siendo \, N = 3 \, y \, m = 1.75 \rightarrow F_R(0{,}5) = 0{,}455$$

$$F_S = 0{,}438 \, ; siendo \, N = 7 \, y \, m = 1.75 \rightarrow F_S(0{,}5) = 0{,}395$$

Las pérdidas de carga en los ramales y en la tubería secundaria serán de:

$$hf_R = 0{,}455 \cdot 7{,}78 \cdot 10^{-4} \cdot (1{,}25 \cdot 10^{-3})^{1{,}75} \cdot 0{,}032^{-4{,}75} \cdot 37{,}5 = 1{,}39 \, m$$

$$hf_S = 0{,}395 \cdot 7{,}78 \cdot 10^{-4} \cdot (17{,}5 \cdot 10^{-3})^{1{,}75} \cdot 0{,}011^{-4{,}75} \cdot 117 = 1{,}08 \, m$$

Si consideramos que en el aspersor más favorable tenemos 35 m (lo que permite el regulador de presión), en el aspersor más desfavorable tendremos una presión de:

$$\left(h_{asp}\right)_{max} = \left(h_{asp}\right)_{min} + (hf_R + hf_S) \cdot 1{,}1$$

Hemos considerado unas pérdidas en singularidades del 10%.

$$\left(h_{asp}\right)_{min} = 35 - (1{,}39 + 1{,}08) \cdot 1{,}1 = 32{,}28 \, m$$

Por lo que la diferencia entre el aspersor más favorable y el menos favorable será de:

$$\Delta h = 35 - 32{,}38 = 2{,}62 \, m$$

Lo cual es aceptable dado que es inferior a la caída de presión máxima admisible, igual al 20% de la presión nominal (30 m) de los aspersores, es decir, 6 m. Esto significa que el CU será mayor del 90%.

c) Usando el diagrama de operación (Anexo VII), conociendo los coeficientes de uniformidad y de déficit:

$$CU = 85\%; \; C_d = 5\% \rightarrow R_a = 88\% \; y \; H_r^* = 0,92 \; (o \; \frac{\bar{H}}{H_r} = 1,08)$$

$$H_r^* = 0,92 = \frac{H_r}{\bar{H}} = \frac{0,06}{\bar{H}} \rightarrow \bar{H} = 0,065 \; m$$

El tiempo de aplicación del riego será:

$$t_{ar} = \frac{\bar{H} \cdot S_a \cdot S_r}{q_a} = \frac{0,065 \cdot 15 \cdot 18}{1,5} = 11,73 \; horas$$

20. El riego de una finca llana, situada en la cota 80, se realiza mediante un sistema de aspersión fija por bloques. Por ello se ha dividido la finca en cuatro zonas y cada zona en ocho bloques, regándose simultáneamente un bloque en cada zona.

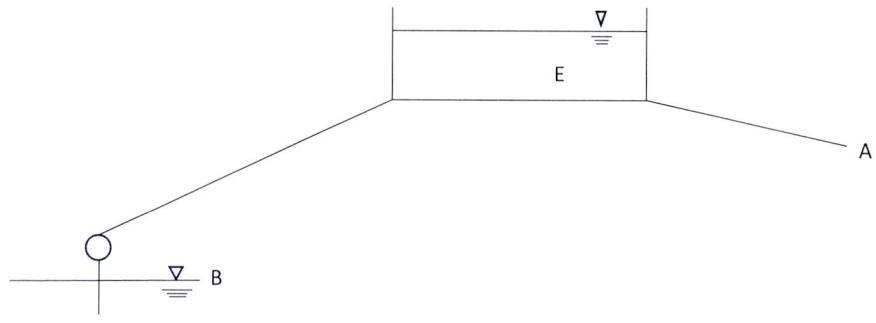

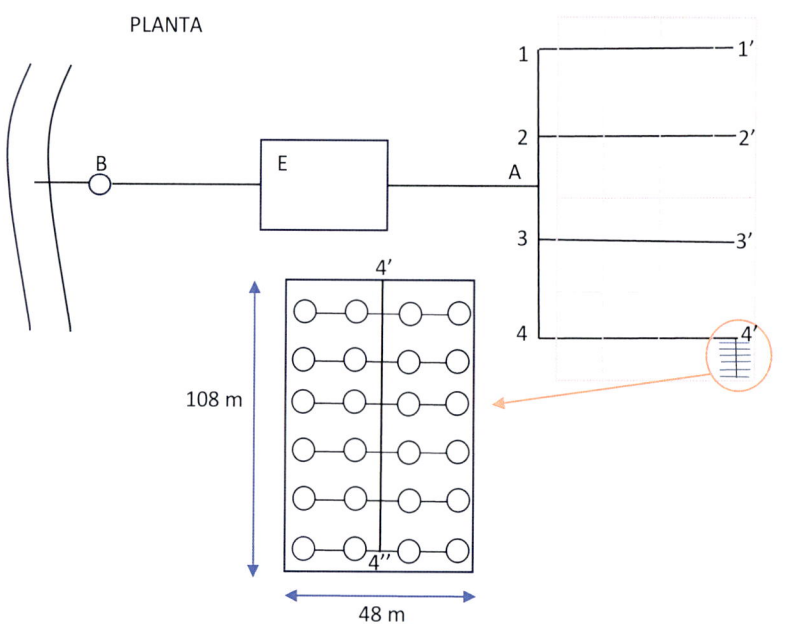

El abastecimiento de agua se realiza por gravedad desde un embalse (**E**). El llenado de dicho embalse se efectúa durante las ocho horas valle mediante dos grupos de bombeo en paralelo que elevan el agua desde un río cuyo nivel se sitúa en la cota 0.

Se pide:

1) Gasto máximo del aspersor, dosis práctica de riego, tiempo de aplicación, frecuencia y número de riegos en el mes de máximas necesidades.

2) Presión necesaria en el punto **A** de entrada a la finca.

3) Desnivel mínimo del embalse con relación a la entrada de la finca para asegurar la distribución de agua para el riego.

4) Diámetro de la tubería de impulsión, volumen mínimo del depósito que asegure el abastecimiento de un día de riego y potencia de los grupos de bombeo, considerando que las pérdidas en la tubería no deben ser superiores al 10% de la cota geométrica de elevación.

5) Comprobar la uniformidad en el bloque.

DATOS:

- *Suelo:*

Humedad útil (% en volumen) = 9
Infiltración máxima admisible = 12 mm/h

- *Cultivo:*

Profundidad raíces = 0,8 m
Necesidades brutas en el mes de máximo consumo = 2.400 m^3/ha

- *Características del riego:*

Duración de la jornada de riego = 8 h
Días útiles para riego = 20
Presión de trabajo del aspersor = 35 m.c.a.
Marco recomendable de acuerdo con el viento = 12x18 m

- *Tuberías:*

Tramo	Material	Longitud (m)	Diámetro (mm)
Río-E	PVC	1.000	~
E-A	PVC	500	250
A-3	PVC	108	175
3-4	PVC	216	125
4-4'	PVC	168	125
4'-4"	PVC	99	110
Ramal	PVC	18	32

- *Rendimiento grupos bombeo* = 70 %

NOTA: Se desprecian sumandos cinéticos y pérdidas en singularidades y aspiración.

SOLUCIÓN:

1) El caudal máximo del aspersor será el compatible con la infiltración máxima.

$$q_a = (S_a \cdot S_r) \cdot i_i = 12 \cdot 18 \cdot 12 \cdot 10^{-3} = 2,592 \; m^3 \cdot h^{-1}$$

Dosis práctica de riego

$$D_p = \frac{2}{3} \cdot p \cdot S \cdot H_e = \frac{2}{3} \cdot 0,8 \cdot 10^4 \cdot \frac{9}{100} = 480 \; m^3 \cdot ha^{-1}$$

Tiempo de aplicación

$$t_{ar} = \frac{D_p \cdot S_a \cdot S_r}{q_a} = \frac{0,048 \cdot 12 \cdot 18}{2,592} = 4 \; h$$

Número de Riegos

$$N^\circ = \frac{Necesidades}{D_p} = \frac{2400}{480} = 5 \; Riegos/mes$$

Frecuencia

$$Frecuencia = \frac{N^\circ \; de \; días \; útiles \; para \; riego}{N^\circ \; de \; riegos} = \frac{20}{5} = 4 \; días \; entre \; riegos$$

La jornada de riegos es de 8 horas, cada día se regarán dos bloques en cada unidad y en cuatro días se riega entera la finca.

2) Se calculan las pérdidas desde el último aspersor del último bloque y de la última unidad hasta el punto A. En este aspersor se asegura la presión nominal.

$$hf_{Ramal} = F \cdot 7{,}78 \cdot 10^{-4} \cdot Q_R^{1.75} \cdot D_R^{-4.75} \cdot L_R$$

$$Q_R = 2 \cdot q_a = 5{,}184 \; m^3 h^{-1} = 1{,}44 \cdot 10^{-3} \; m^3 s^{-1}$$

$$L_R = 18 \; m$$

$$D_R = 0{,}032 \; m$$

$$F = \frac{1}{m+1} + \frac{1}{2 \cdot N} + \frac{(m-1)^{\frac{1}{2}}}{6 \cdot N^2} = \frac{1}{1{,}75+1} + \frac{1}{2 \cdot 2} + \frac{(1{,}75-1)^{\frac{1}{2}}}{6 \cdot 2^2} = 0{,}65$$

$$hf_{Ramal} = 0{,}65 \cdot 7{,}78 \cdot 10^{-4} \cdot (1{,}44 \cdot 10^{-3})^{1.75} \cdot 0{,}032^{-4{,}75} \cdot 18 = 1{,}22 \; m$$

Tuberías terciarias (4´-4´´)

$$hf_{ter} = F \cdot 7{,}78 \cdot 10^{-4} \cdot Q_{ter}^{1.75} \cdot D_{ter}^{-4.75} \cdot L_{ter}$$

$$Q_{ter} = Q_R \cdot 12 = 17{,}28 \cdot 10^{-3} \; m^3 s^{-1}$$

$$L_{ter} = 99 \; m$$

Seleccionamos un diámetro que permite que la velocidad máxima no sea mayor de 2 m/s.

$$D_{ter} = 0,11 \, m$$

$$F = \frac{1}{m+1} + \frac{1}{2 \cdot N} + \frac{(m-1)^{\frac{1}{2}}}{6 \cdot N^2} = \frac{1}{1,75+1} + \frac{1}{2 \cdot 6} + \frac{(1,75-1)^{\frac{1}{2}}}{6 \cdot 6^2} = 0,451$$

$$hf_{ter} = 0,451 \cdot 7,78 \cdot 10^{-4} \cdot (0,01728)^{1,75} \cdot 0,11^{-4,75} \cdot 99 \;\; = 1,02 \, m$$

Tuberías secundarias (4´- 4)

$$hf_{sec} = 7,78 \cdot 10^{-4} \cdot Q_{sec}^{1,75} \cdot D_{sec}^{-4,75} \cdot L_{sec} = 7,78 \cdot 10^{-4} \cdot 0,01728^{1,75} \cdot 0,125^{-4,75} \cdot 168 = 2,1 \, m$$

$$Q_{sec} = Q_{ter} = 17,28 \cdot 10^{-3} \, m^3 \cdot s^{-1}$$

$$D_{sec} = 0,125 \, m$$

Diámetro que asegura que la velocidad máxima no será mayor de 1,5 m/s.

$$L_{sec} = 168 \, m$$

Tubería principal

Tramo 3-4 $hf_{3-4} = \dfrac{hf_{4-4´}}{L_{4-4´}} \cdot L_{3-4} = \dfrac{2,1}{168} \cdot 2 \cdot 18 \cdot 6 = 2,7 \, m$

Tramo A-3 $Q_{A-3} = 2Q_{3-4} = 0,03456 \, m^3 \cdot s^{-1}$

$$L_{A-3} = 108 \, m$$

$$D_{A-3} = 0,175 \, m$$

Se elige un diámetro para una velocidad máxima de 1.5 m/s aproximadamente.

$$hf_{A-3} = 7{,}78 \cdot 10^{-4} \cdot (0{,}03456)^{1{,}75} \cdot 0{,}175^{-4{,}75} \cdot 108 \quad = 0{,}92 \, m$$

$$h_A = h_{asp} + \sum hf_{asp-A} = 35 + 0{,}92 + 2{,}7 + 2{,}1 + 1{,}02 + 1{,}22 = 42{,}96 \, m$$

Hemos despreciado la altura del aspersor y las pérdidas en singularidades.

3)
$$hf_{E-A} = 7{,}78 \cdot 10^{-4} \cdot (0{,}06912)^{1{,}75} \cdot 0{,}25^{-4{,}75} \cdot 500 \quad = 2{,}62 \, m$$

$$Q_{E-A} = 4Q_{bloque} = 4 \cdot 0{,}01728 = 0{,}06912 \, m^3 s^{-1}$$

$$D_{E-A} = 0{,}25 \, m \; (U_{max}=1.5 \, m/s)$$

$$L_{E-A} = 500 \, m$$

Energía requerida en el punto E

$$h_E = z_E = h_A + hf_{EA} = (42{,}96 + 80) + 2{,}62 = 125{,}58 \, m$$

Siendo 80 la cota de la finca. Por tanto, la diferencia de cota entre el embalse y la parcela deberá ser como mínimo:

$$\Delta z_{E-A} = 125{,}58 - 80 = 45{,}58 \, m$$

4) El volumen mínimo del depósito que será el necesario para el riego de un día:

$$V_{depósito} = 2592 \frac{L}{h \cdot aspersor} \cdot 24 \frac{aspersores}{bloque} \cdot 8 \frac{bloques}{día} \cdot 4 \frac{horas}{riego} = 1990,66 \ m^3$$

Como ese volumen hay que elevarlo en 8 horas, el caudal máximo será:

$$Q = \frac{V}{t} = \frac{1990,66}{8} = 248,832 \ \frac{m^3}{h} = 0,06912 \ \frac{m^3}{s}$$

Al no poder superar las pérdidas en la tubería el 10% de la cota geométrica de elevación:

$$hf_{max} = 10\% \cdot \Delta z = 0,1(125,6 - 0) = 12,56 \ m$$

$$12.56 = 7,78 \cdot 10^{-4} \cdot (0,06912)^{1,75} \cdot D^{-4,75} \cdot 1000$$

Lo que nos da un diámetro de 0,208 m y adoptamos el comercial más cercano de 0,25 m. Calculando las pérdidas de carga con el diámetro comercial adoptado, nos da hf=5,25 m, inferior a los 12,56 m permitidos.

La potencia de la bomba será:

$$Q = 0,06192 \ \frac{m^3}{s}$$

$$\Delta H = 125,6 + 5,25 = 130,85 \ m$$

$$P = \frac{\gamma \cdot Q \cdot \Delta H}{\eta} = \frac{1000 \cdot 0,06192 \cdot 130,85}{0,7 \cdot 75} = 154,33 \ CV = 113,59 \ kW$$

Por lo que se adoptan dos grupos de 80 CV.

5) El aspersor más desfavorable tiene una presión de 35 mca. El más favorable será el primero del primer ramal del bloque y la presión será:

$$h_{max} = h_{asp} + hf_{ramal} + hf_{4'-4''} = 35 + 1,22 + 1,02 = 37,24 \, m$$

La diferencia de presiones entre el aspersor más favorable y el menos:

$$h_{max} - h_{min} = 37,24 - 35 = 2,24 \, m \leq 7 \, m$$

Luego la uniformidad es aceptable (mayor del 90%).

21. Para el riego de una parcela se dispone de un aspersor sectorial montado en un trineo y alimentado por una tubería flexible de polietileno, de 200 m de longitud y de 75 mm de diámetro enrollable durante el riego en un tambor sobre bastidor remolcable. Se pretende que el aspersor trabaje a una carga de 42 m, con gasto de 25 m^3·h^{-1}. La separación entre pasadas será de 50 m y son necesarias 6 pasadas para el riego de la parcela (ver croquis).

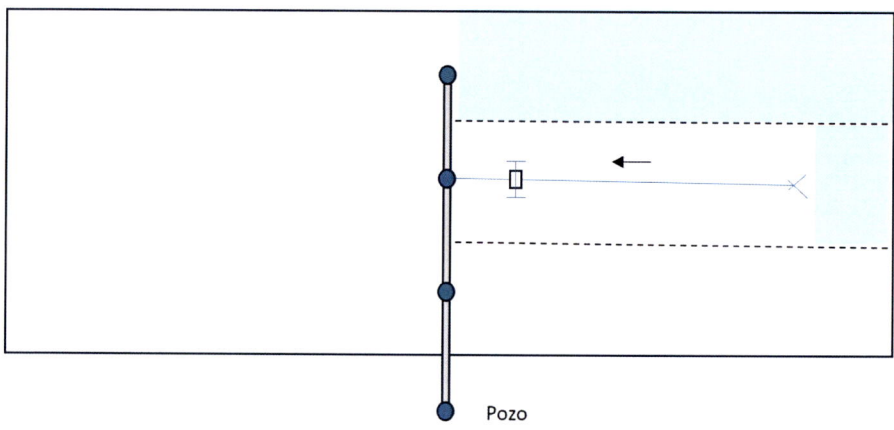

Se pide:

a) Tiempo de aplicación de riego, frecuencia y número de riegos y velocidad de desplazamiento del aspersor para aplicar una lámina bruta de 60 mm. Calcular las necesidades brutas del cultivo en el mes de máximo consumo.

b) Presión necesaria en la acometida de la tubería flexible, suponiendo que la tubería discurrirá con una pendiente ascendente del 1% y el aspersor está situado a 2 m de altura.

c) Diseñar la tubería enterrada que abastece las acometidas y calcular la potencia necesaria en la bomba que debe suministrar el agua desde un pozo cuyo nivel dinámico se sitúa a 30 m bajo la superficie de la parcela.

SOLUCIÓN:

a) Tiempo de riego

$$Q_a \cdot t_{ar} = H_b \cdot B \cdot L$$

$$t_{ar} = \frac{H_b \cdot B \cdot L}{Q_a} = \frac{0,06 \cdot 50 \cdot 200}{25} = 24 \ horas$$

Como 24 horas es el tiempo que tarda en dar una pasada de 200 m, la velocidad de avance será:

$$V_a = \frac{200}{24} = 8,33 \ m/h$$

En dar un riego completo se tarda 24 h/pasada por las 6 pasadas necesarias, lo que implica que son necesarios 6 días para regar la parcela completamente.

Por tanto, al mes se pueden dar (30/6) = 5 riegos.

La frecuencia de riegos será de 1 riego cada 6 días.

Las necesidades brutas mensuales del cultivo serán:

$$n^{\underline{o}} \ de \ riegos \ \cdot \ H_b = 5 \cdot 60 = 300 \ mm = 3000 \ m^3/ha$$

b) En el caso más desfavorable, el aspersor estará en el extremo distal, por lo que, aplicando Bernoulli entre dicho aspersor y la acometida:

$$\frac{p_{ac}}{\gamma} + z_{ac} + \frac{u_{ac}^2}{2g} = \frac{p_{asp}}{\gamma} + z_{asp} + \frac{u_{asp}^2}{2g} + hf_{ac-asp}$$

Si despreciamos los sumandos cinéticos:

$$\frac{p_{ac}}{\gamma} = \frac{p_{asp}}{\gamma} + \left(z_{asp} - z_{ac}\right) + hf_{ac-asp}$$

Para calcular las pérdidas de carga usamos Blasius.

$$hf_{ac-asp} = 7{,}78 \cdot 10^{-4} \cdot Q^{1{,}75} \cdot D^{-4{,}75} \cdot L$$
$$= 7{,}78 \cdot 10^{-4} \cdot \left(\frac{25}{3600}\right)^{1{,}75} \cdot 0{,}075^{-4{,}75} \cdot 200 = 5{,}73 \; m$$

Luego, la altura de presión en la acometida será:

$$\frac{p_{ac}}{\gamma} = 42 + (2 + 0{,}01 \cdot 200) + 5{,}73 = 51{,}73 \; m$$

c) Se utilizará una tubería de PVC con el mismo diámetro que la manguera, por lo que la velocidad será:

$$U = \frac{Q}{\pi \cdot \dfrac{D^2}{4}} = \frac{25/3600}{\pi \cdot \dfrac{0{,}075^2}{4}} = 1{,}57 \; m/s$$

Aplicando Bernoulli entre el pozo y la acometida:

$$\frac{p_{pozo}}{\gamma} + z_{pozo} + \Delta H = \frac{p_{ac}}{\gamma} + z_{ac} + hf_{pozo-ac}$$

La altura manométrica que debe aportar la bomba será:

$$\Delta H = 51{,}73 + 30 + hf_{pozo-ac}$$

Siendo las pérdidas de carga entre el pozo y la acometida:

$$hf_{pozo-ac} = 7{,}78 \cdot 10^{-4} \cdot Q^{1,75} \cdot D^{-4,75} \cdot L$$
$$= 7{,}78 \cdot 10^{-4} \cdot \left(\frac{25}{3600}\right)^{1,75} \cdot 0{,}075^{-4,75} \cdot 150 = 4{,}3 \, m$$

Por lo que la altura manométrica total es de 86,03 m

Así, la potencia requerida en el bombeo es:

$$P = \frac{1000 \cdot \left(\frac{25}{3600}\right) \cdot 86{,}03}{0{,}6 \cdot 75} = 13{,}27 \, CV = 9{,}77 \, kW$$

22. Se desea regar una parcela rectangular de 8 ha cuyas dimensiones se indican en el croquis. El método de riego usado será el de aspersión mediante un ramal autopropulsado con desplazamiento lateral. La alimentación del ramal se realiza por el centro de este mediante una manguera flexible que se conecta a una toma situada en el centro de la parcela.

Las necesidades del cultivo en el mes de máximo consumo han sido estimadas en 2.000 m^3/ha. El rendimiento de aplicación del riego se considera del 80%. La separación de aspersores en el ramal es de 6 m. La presión de trabajo de los aspersores es de 27,5 m. El tiempo muerto (sin riego) es del 50%.

Se pide:

a) Caudal de cada aspersor para poder aplicar en cada riego una dosis neta de 50 mm cada semana. Sección total de las boquillas del aspersor (suponer un coeficiente de desagüe $C_d = 0,92$).

b) Velocidad de desplazamiento de la máquina.

c) Diámetro del ramal y de la manguera.

d) Caudal y presión necesarios en la toma.

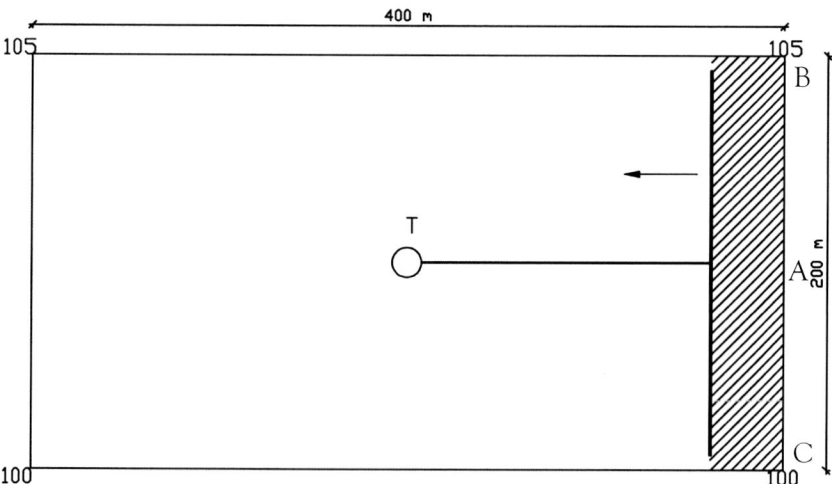

SOLUCIÓN:

a) Las características del riego son:

$$\frac{N^o riegos}{mes} = \frac{2000 \frac{m^3}{ha \cdot mes}}{500 \frac{m^3}{ha \cdot riego}} = 4 \frac{riegos}{mes}$$

Según el enunciado, se dará un riego cada semana, 7 días, lo que es posible ya que:

$$7 \frac{dias}{riego} \cdot 4 \frac{riegos}{mes} = 28 \frac{días}{mes}$$

Pero el tiempo muerto es del 50% (tiempo durante el cual la máquina vuelve sin regar a su posición inicial). Luego solo se riega durante:

$$3,5 \frac{días}{semana}$$

Considerando que un ramal es cada una de las dos alas, una tendida en terreno ascendente (AB) y otra en terreno descendente (AC):

$$\frac{N^o aspersores}{ramal} = \frac{100}{6} = 16,67$$

Se adopta un número de aspersores por ramal N_{asp} = 16, lo que significa que la longitud del ramal es:

$$L_R = 16 \cdot 6 = 96 \, m$$

es decir, sobran 4 m por cada lado.

El volumen de agua aplicado en una semana será:

$$V_{sem} = 500 \ \frac{m^3}{ha} \cdot 8 \ ha \cdot \frac{1}{0,8} = 5000 \ m^3$$

Y el volumen de agua aplicado por cada aspersor:

$$V_{asp} = \frac{5000}{2 \cdot 16} = 156,25 \ m^3$$

El caudal de cada aspersor:

$$Q_{asp} = \frac{156,25 \ m^3}{3,5 \ días} = 1860,1 \ \frac{L}{h} = 5,16 \cdot 10^{-4} \ \frac{m^3}{s}$$

Usando la ecuación de desagüe por un orificio:

$$Q_{asp} = C_d \cdot \omega \cdot \sqrt{2 \cdot g \cdot h}$$

Siendo

$$h = \Delta \left(\frac{p}{\gamma} \right) = 27,5 m$$

despejando el área ω:

$$\omega = \frac{5,16 \cdot 10^{-4}}{0,92 \cdot \sqrt{2 \cdot 9,8 \cdot 27,5}} = 2,41 \cdot 10^{-5} m^2$$

Lo que implica un diámetro de boquilla de 5,54 mm.

b) La velocidad de desplazamiento será:

$$V_{desp} = \frac{400\ m}{3,5\ dias} = 1,32 \cdot 10^{-3}\ \frac{m}{s} = 4,76\ \frac{m}{h}$$

c) En cada ramal, la variación de presión permitida es:

$$\Delta h < 20\% \cdot h = \frac{20}{100} \cdot 27,5 = 5,5\ m$$

Suponemos que el ramal es de aluminio.

Ramal ascendente

$$\Delta h = hf_r + \Delta z$$

Usamos la ecuación de Scobey para estimar las pérdidas de carga:

$$hf_r = 1,64 \cdot 10^{-3} \cdot \frac{L \cdot Q^{1,9}}{D^{4,9}} \cdot F_r$$

Siendo:

$$\Delta z = 2,5m \Rightarrow h_{fr} = 5,5 - 2,5 = 3m$$

y considerado el caudal del ramal y el factor de Christiansen como:

$$Qr = 16 \cdot 5,16 \cdot 10^{-4} = 8,256 \cdot 10^{-3}\ \frac{m^3}{s}$$

$$F_r = 0,377 \begin{cases} N = 16 \\ m = 1,9 \end{cases}$$

de la fórmula de Scobey se obtiene:

$$D_r = 0,071 m$$

Ramal descendente

$$\Delta z = -2,5\ m \Rightarrow hf_r = 5,5 + 2,5 = 8\ m$$

Q_r y F_r son iguales al caso del ramal ascendente, por lo que aplicando Scobey se obtiene:

$$D_r = 0,058\ m$$

Manguera

En este caso, al ser el material polietileno (PE), se usa la ecuación de Blasius:

$$hf_m = 7,78 \cdot 10^{-4} \cdot Q^{1,75} \cdot D^{-4,75} \cdot L$$

El caudal será el de los dos ramales:

$$Q_T = 2 \cdot Q_r = 16,512 \cdot 10^{-3}\ \frac{m^3}{s}$$

Ahora bien, no disponemos del valor de hf_m, por lo que el diámetro se debe obtener de la ecuación de continuidad suponiendo una determinada velocidad. En este caso, se va a considerar 1,5 m/s.

$$D = \sqrt{\frac{4 \cdot Q}{U \cdot \pi}} = \sqrt{\frac{4 \cdot 16,512 \cdot 10^{-3}}{1,5 \cdot \pi}} = 0,118\ m$$

Se adopta un diámetro D= 0,120 m.

d)

$$\frac{P_T}{\gamma} = \frac{p_{asp}}{\gamma} + \Delta z + hf_r + hf_m$$

Usando la ecuación de Blasius:

$$hf_m = 7{,}78 \cdot 10^{-4} \cdot (16{,}512 \cdot 10^{-3})^{1{,}75} \cdot (0{,}120)^{-4{,}75} \cdot 200 = 2{,}8\ m$$

Suponiendo que el aspersor está 2 m por encima del suelo, en el caso del ramal ascendente tendremos:

$$\Delta z = 2{,}5 + 2 = 4{,}5\ m$$

como hf$_r$ = 3 m, obtenemos:

$$\frac{P_T}{\gamma} = 27{,}5 + 4{,}5 + 3 + 2{,}8 = 37{,}8\ m$$

Si se hubiera elegido el descendente:

$$\frac{P_T}{\gamma} = 27{,}5 - 0{,}5 + 8 + 2{,}8 = 37{,}8\ m$$

Siendo

$$\Delta z = 2 - 2{,}5 = -0{,}5\ m$$

23. Un sistema autopropulsado para riego por aspersión está compuesto por dos ramales iguales dispuestos a uno y otro lado de un canal de servicio excavado en terreno horizontal. Como criterio de proyecto, se considera que cada ramal distribuye uniformemente, mediante difusores, $75 \cdot 10^{-3}$ $m^3 \cdot s^{-1}$, a lo largo de su longitud L = 325 m. En ésta se diferencian sucesivos tramos, con los diámetros que siguen:

$D_1 = 8"$; $L_1 = 150$ m

$D_2 = 6"$; $L_2 = 150$ m

$D_3 = 4"$; $L_3 = 25$ m, en voladizo

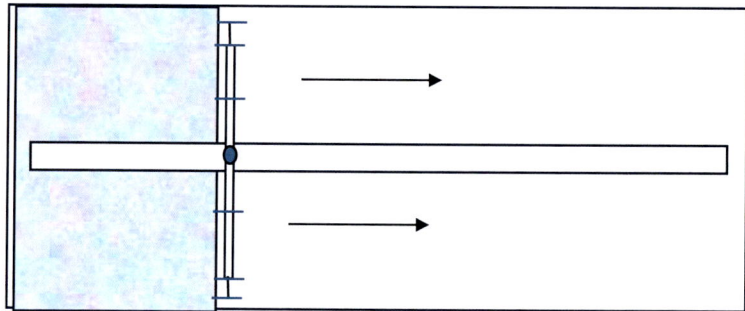

En el extremo distal del ala en voladizo, se proyecta un aspersor que deberá aplicar $3 \cdot 10^{-3}$ $m^3 \cdot s^{-1}$ a una presión en boquilla de 125 kPa. La cota del ramal, sobre el terreno, es de 2 m.

Para conducir los $150 \cdot 10^{-3}$ $m^3 \cdot s^{-1}$ demandados por el sistema se excava en terreno horizontal una zanja de 2.000 m de longitud.

Se pide:

a) Considerando que el sistema aplica el agua de riego de forma continua y que la duración de éste es de t_{ar} = 6 días, calcular la lámina aplicada, las necesidades mensuales y la velocidad de desplazamiento del sistema autopropulsado.

b) Determinar las condiciones de presión de los difusores a lo largo de cada uno de los ramales de aspersión considerados.

c) Calcular la potencia que el equipo automotriz debe destinar al bombeo.

SOLUCIÓN:

a) El volumen aplicado durante un riego sería:

$$V = Q \cdot t_{ar} = 0,15 \ \frac{m^3}{s} \cdot 6 \ días \cdot \frac{24 \ h}{día} \cdot \frac{3600 \ s}{1h} = 77760 \ m^3$$

Como este volumen se aplica sobre una superficie de

$$S = 2000 \ m \cdot (352 \cdot 2) \ m = 1300000 \ m^2$$

La lámina de riego aplicada sería:

$$H = \frac{V}{S} = \frac{77760 \ m^3}{1300000 \ m^2} = 0,0598 \ m \approx 0,06 \ m = 60 \ mm = 600 \ \frac{m^3}{ha}$$

Como el t_{ar} es de 6 días, se podrían dar 30/6 = 5 riegos al mes, pero no se dejaría tiempo para mantenimiento del sistema o para otras labores. Se elige aplicar 4 riegos/mes y, por tanto, las necesidades brutas mensuales serían:

$$N = 4 \ \frac{riegos}{mes} \cdot 600 \ \frac{m^3}{ha \cdot riego} = 2400 \ \frac{m^3}{ha \cdot mes}$$

La velocidad de desplazamiento se obtendría considerando la longitud de la parcela:

$$u = \frac{L}{t_{ar}} = \frac{200 \ m}{6 \cdot 4 \cdot 3600 \ s} = 0,00386 \ \frac{m}{s} = 13,9 \ \frac{m}{h}$$

b) Se considerará, por un lado, que las tuberías son de aluminio y, por otro lado, un gasto unitario por unidad de longitud, ya que se desconoce la separación entre toberas y el enunciado dice que el caudal se distribuye uniformemente entre las mismas.

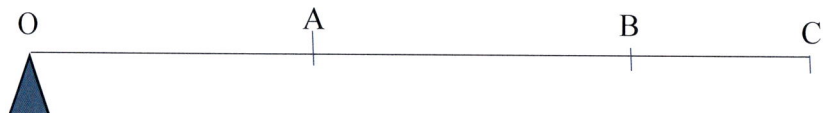

El caudal del aspersor situado en C es de 3×10³ m³/s, luego:

$$Q_{BC} = 3 \cdot 10^{-3} \, \frac{m^3}{s} = 10,8 \, \frac{m^3}{h}$$

En el extremo opuesto, punto 0, el caudal que entra en la tubería es el total: 75×10³ m³/s, luego:

$$Q_{OA} = 75 \cdot 10^{-3} \, \frac{m^3}{s} = 270 \, \frac{m^3}{h}$$

Como L_{OA}= L_{AB} , el caudal se reparte por igual entre los dos tramos, luego el caudal que entra en el tramo AB por el punto A será:

$$Q_{AB} = 75 \cdot 10^{-3} - \left(\frac{75 \cdot 10^{-3} - 3 \cdot 10^{-3}}{2}\right) = 39 \cdot 10^{-3} \, \frac{m^3}{s} = 140,4 \, \frac{m^3}{h}$$

Conociendo que la altura de presión en C es:

$$h_c = 125 \, kP_a = 12,5 \, m$$

Las alturas de presión en los restantes puntos serían:

$$h_B = h_c + hf_{BC}$$

$$h_A = h_B + hf_{AB}$$

$$h_0 = h_A + hf_{0A}$$

Al ser tuberías de aluminio, las pérdidas de carga se calculan mediante la ecuación de Scobey:

$$h_f = 1{,}88 \cdot 10^{-2} \cdot Q^{1,9} \cdot D^{-4,9} \cdot L$$

estando Q en m³/h y D en pulgadas.

Esta ecuación se ha de afectar del factor F de Christiansen en el caso de los tramos 0A y AB, ya que se trata de ramales con salidas uniformemente espaciadas, luego:

$$hf_{BC} = 1{,}88 \cdot 10^{-2} \cdot 10{,}8^{1,9} \cdot 4^{-4,9} \cdot 25 = 0{,}05 \; m$$

$$h_{f\,AB} = F \cdot 1{,}88 \cdot 10^{-2} \cdot 140{,}4^{1,9} \cdot 6^{-4,9} \cdot 150 = 1{,}80m$$

Siendo

$$F = \frac{1}{m+1} + \frac{1}{2 \cdot N} + \frac{(m-1)^{1/2}}{6 \cdot N^2} \approx \frac{1}{m+1} = \frac{1}{2{,}9} = 0{,}345$$

Considerando que N es suficientemente grande ya que desconocemos su número.

$$hf_{0A} = hf_{0B}(D_{0A}, F_{0B}, Q_{0B}) - hf_{AB}(D_{0A}, F_{AB}, Q_{AB})$$

ya que las pérdidas entre 0 y A no se pueden calcular directamente, pues todo el caudal que entre por 0 no se distribuye entre 0 y A, sino que parte continua y se libera entre A y B.

En este caso:

$$F_{0B} = F_{0A} = \frac{1}{m+1} = 0,345$$

Luego

$$h_{fOA} = (0,345 \cdot 1,88 \cdot 10^{-2} \cdot 270^{1,9} \cdot 8^{-4,9} \cdot 150)$$
$$- (0,345 \cdot 1,88 \cdot 10^{-2} \cdot 140,4^{1,9} \cdot 8^{-4,9} \cdot 150) = 1,08m$$

En consecuencia:

$$h_B = 12,5 + 0,05 = 12,55m$$

$$h_A = 12,55 + 1,80 = 14,35m$$

$$h_0 = 14,35 + 1,08 = 15,43m$$

y la línea piezométrica se dibujaría como:

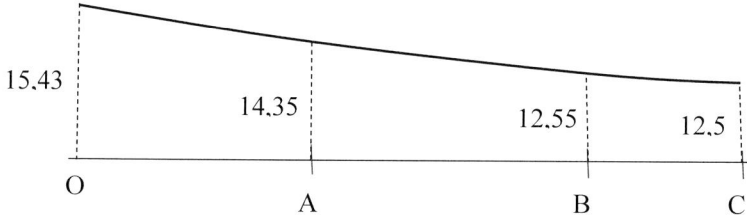

c) La potencia del grupo de bombeo debe ser suficiente para llevar el agua al emisor más desfavorable, es decir, al aspersor final del ramal. Aplicando pues, Bernoulli entre un punto de la superficie libre del agua en el canal y dicho aspersor, resulta:

$$H_{canal} + \Delta H = H_{aspersor} + hf_{canal-aspersor}$$

Situando el plano de comparación en la superficie libre del canal, $z_{canal}=0$, suponiendo $u_{canal} = u_{aspersor} = 0$, y considerando que las pérdidas en singularidades son del 10% de las pérdidas de carga en tuberías, que la altura de presión en el canal es 0 y en el aspersor 12,5 m, y que Z aspersor = 2 m, se obtiene:

$$\frac{P_{canal}}{\gamma} + Z_{canal} + \frac{U^2_{canal}}{2 \cdot g} + \Delta H$$
$$= \frac{P_{aspersor}}{\gamma} + Z_{aspersor} + \frac{U^2_{aspersor}}{2 \cdot g} + hf_{canal-aspersar}$$

Con:

$$hf_{canal-aspersor} = 1,1 \cdot (hf_{tuberias}) = 1,1 \cdot (1,08 + 1,80 + 0,05) = 3,22\ m$$

Por lo tanto:

$$0 + 0 + 0 + \Delta H = 12,5 + 2 + 0 + 3,22$$

$$\Delta H = 17,72m$$

Luego:

$$P = \frac{\gamma \cdot Q \cdot \Delta H}{\eta} = 9,8 \cdot 10^{-3}\ \frac{N}{m^3} . 0,15\ \frac{m^3}{S} \cdot 17,72\ m = 26048\ W = 26,05\ kW$$
$$= 35,39\ CV$$

El rendimiento se considera del 100%, ya que no se dan datos en el enunciado del problema.

24. Un gasto Q es servido a la arqueta A mediante el módulo de retorno M. En A, un grupo motobomba B aspira un gasto Q_1 que es impulsado a dos bocas de riego T_1 y T_2. De cada una de éstas, con un tramo de tubería auxiliar, parte un ramal tendido sobre terreno llano y horizontal (ver croquis).

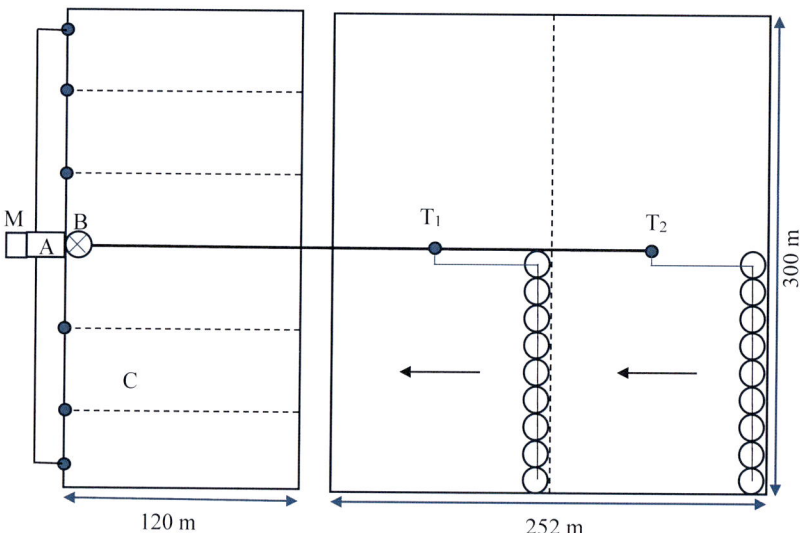

De la arqueta parten, hacia uno y otro lado, sendas acequias de tierra que conducen el gasto sobrante Q_2 a los canteros para riego por superficie C.

Determinar:

a)　Diámetro del ramal y de la tubería auxiliar, ambas de aluminio, para que la variación de presión máxima en todo el campo a regar no supere el 20% de la presión nominal del aspersor.

b)　Diámetros de los tramos AT_1 y T_1T_2 de la tubería principal, de PVC, y potencia necesaria en el grupo motobomba.

c)　Estimar los resultados del riego para un cantero representativo.

d)　Programa de aplicación de riegos en el mes de máximo consumo.

DATOS:

$z_A = 26$ m ; $z_{T1} = z_{T2} = 25$ m ; $Q_{total} = 214,4$ L/s

Aspersión: $q_{a\ nominal} = 2,16$ m^3/h ($h_{a\ nominal} = 3$ atm)

Marco = 12x18

Necesidades brutas del cultivo = 1.600 m^3/ha

de riego = 40 mm

Altura del aspersor = 1 m

Superficie: Lámina requerida = $H_r = 60$ mm

Necesidades brutas mensuales 1.800 m^3/ha

$k = 2 \cdot 10^4$; $a = 0,6$; $n = 0,15$

NOTA: Las unidades no especificadas corresponden al SI.

Pérdidas en singularidades= 15% pérdidas en tuberías

SOLUCIÓN:

a) En primer lugar, se calcula la disposición de los ramales en la parcela.

La longitud de cada ramal viene dada por:

$$L = \frac{300}{2} = 150\ m$$

El número de aspersores por ramal será:

$$N = \frac{L}{e_a} = \frac{150}{12} = 12\ \frac{aspersores}{ramal}$$

Dado que el último aspersor queda a 6 m del límite de la parcela y, por tanto, riega ese trozo, la longitud del ramal se reduce en esos 6 m, $L_r = 144$m.

Como el marco es 12 × 18 y la longitud de la parcela 252 m, el número de posturas de los ramales es:

$$\frac{252}{18} = 14 \ posturas$$

Dado que riegan simultáneamente dos ramales, cada boca de riego abastece a un mismo ramal en 7 posturas diferentes.

Para calcular el diámetro del ramal hay que tener en cuenta que la variación de presión no supere el 20% de la altura de presión del aspersor.

$$\frac{\Delta P}{\gamma} = hf_m = 20\% \cdot h_a = 0,2 \cdot 30 = 6 \ m$$

ya que el ramal está tendido horizontalmente.

Considerando que tanto el ramal como la tubería auxiliar son de aluminio, se aplica la ecuación de Scobey para el cálculo de las pérdidas de carga.

$$hf_r = F \cdot 1,64 \cdot 10^{-3} \cdot Q_r^{1,9} \cdot D_r^{-4,9} \cdot L_r$$

(Unidades del S.I.)

Con:

$$F = \frac{1}{m+1} + \frac{1}{2 \cdot N} + \frac{(m-1)^{1/2}}{6 \cdot N^2} = \frac{1}{2,9} + \frac{l}{2 \cdot 12} + \frac{0,9^{\frac{1}{2}}}{6 \cdot 12^2} = 0,388$$

$$Q_r = 12 \cdot 2,16 \ \frac{m^3}{h} = 25,92 \ \frac{m^3}{h} = 0,0072 \ \frac{m^3}{s}$$

$$L_r = 144 \ m$$

Si adoptamos un Dr = 3" = 76,2mm (diámetro más habitual), resulta:

$$hf_r = 2,34 \ \text{m} = \frac{\Delta P}{\gamma} < 6m$$

luego es aceptable.

Como la tubería auxiliar abastece a un solo ramal, las pérdidas de carga son:

$$hf_{aux} = 1{,}64 \cdot 10^{-3} \cdot Q_{aux}^{1,9} \cdot D_{aux}^{-4,9} \cdot L_{aux}$$

Con:

$$Q_{aux} = Q_r = 0{,}0072 \frac{m^3}{s}$$

$$D_{aux} = D_r = 0{,}0762 \, m$$

$$L_r = 3 \cdot 18 = 54 \, m$$

Considerando que hay 3 ramales a cada lado de la boca de riego.

Luego:

$$hf_{aux} = 2{,}26 \, m$$

b) Considerando que las tuberías BT_1 y T_1T_2 son de PVC y adoptando una velocidad de 1 m/s en ambas, se puede obtener su diámetro y las pérdidas de carga en las mismas.

Tubería T_1T_2

$$Q_{T_1T_2} = Q_r = 0{,}0072 \frac{m^3}{s}$$

Para U = 1 m/s se obtiene:

$$D = \sqrt{\frac{4 \cdot Q_{T_1T_2}}{\pi}} = 0{,}096m$$

Se adopta D $_{T1T2}$ = 0,1m = 100mm

Como la tubería es de PVC, se usa la ecuación de Blasius para calcular las pérdidas de carga:

$$h_f = 7,78 \cdot 10^{-4} \cdot Q^{1,75} \cdot D^{-4.75} \cdot L$$

Luego:

$$hf_{T_1 T_2} = 7,78 \cdot 10^{-4} \cdot 0,0072^{1,75} \cdot 0,1^{-4.75} \cdot 126 = 0,98 \ m$$

ya que

$$L_{T_1 T_2} = \frac{252}{2} = 126m$$

Tubería B T$_1$

$$Q_{BT_1} = 2 \cdot Q_r = 0,0144 \ \frac{m^3}{s}$$

Considerando una velocidad de 1 m/s,

$$D = \sqrt{\frac{0,0144 \cdot 4}{\pi}} = 0,135 \ m$$

Por lo que se adopta un diámetro comercial de 140 mm o 0,14 m.

La longitud de la tubería será:

$$L_{BT_1} = 120 + \frac{(252/2)}{2} = 183 \ m$$

y las pérdidas de carga:

$$hf_{BT_1} = 7,78 \cdot 10^{-4} \cdot 0,0144^{1,75} \cdot 0,140^{-4,75} \cdot 183 = 0,97 \ m$$

La altura de presión requerida en la boca de riego T_2 será:

$$h_{T_2} = h_a + hf_r + hf_{aux} = 30 + 2,34 + 2,26 = 34,60m$$

y la altura de presión en la boca T_1 será:

$$h_{T_1} = h_{T_2} + hf_{T_1T_2} = 34,60 + 0,98 = 35,58\ m$$

Dado que la presión en el primer aspersor del ramal abastecido por la boca T_1 es:

$$h_a = h_{T_1} - hf_{aux} = 35,58 - 2,26 = 33,32\ m$$

se cumple la uniformidad requerida en el ramal ya que la diferencia de presión entre los aspersores extremos:

$$\Delta h = 33,32 - 30 = 3,32 < 20\% \cdot h_a = 6\ m$$

Considerado que el aspersor más desfavorable trabaja a presión nominal (30 m. c. a), la potencia de la bomba será:

$$P = \frac{\gamma \cdot Q \cdot \Delta H}{\eta}$$

Con

$$\eta = 0,7$$

$$Q = 2 \cdot Q_r = 2 \cdot 0,0072 = 0,0144\ \frac{m^3}{s}$$

$$\Delta H = \left(Z_{T_1T_2} - Z_A\right) + h_a + \Sigma h_f + Z_{aspersor}$$

$$Z_A = Z_8$$

$$\Sigma h_f = \left(hf_{BT_1} + hf_{T_1T_2} + hf_{aux} + hf_r\right) \cdot 1,15$$
$$= (0,97 + 0,98 + 2,26 + 2,34) \cdot 1,15 = 7,53m$$

Luego:

$$\Delta H = -1 + 30 + 7{,}53 + 1 = 37{,}53m$$

y

$$P = \frac{9800\,\frac{N}{m^3} \cdot 0{,}0144\,\frac{m^3}{s} \cdot 37{,}53m}{0{,}7} = 7566\ W = 7{,}57\ kW = 10{,}28\ CV$$

c) El caudal disponible para regar los canteros será:

$$Q_{canteros} = Q_{total} - Q_a = 214{,}4\,\frac{l}{s} - 14{,}4\,\frac{l}{s} = 200\,\frac{l}{s}$$

Al tratarse de canteros, la anchura de cada uno será:

$$B = \frac{300}{6} = 50m$$

y adoptando que se aplica todo el caudal para regar un cantero:

$$q_0 = \frac{Q_T}{B} = \frac{200\,\frac{l}{s}}{50m} = 4\,\frac{l}{(s \cdot m)}$$

Para obtener los resultados del riego hay que calcular los parámetros característicos:

$$X = t_{cr}^{2/3} \cdot H_r^{7/9} \cdot n^{-2/3}$$

$$Q = X \cdot H_r \cdot t_{ar}^{-1}$$

Considerado $H_d = 0$ y, por tanto, $H_n = H_r$

donde:

$$H_r = 0{,}06m$$

$$n = 0{,}15$$

Teniendo en cuenta que:

$$H_r = k \cdot t_{cr}^a \Rightarrow t_{cr} = \left(\frac{0,06}{2 \cdot 10^{-4}}\right)^{\frac{1}{0,6}} = 13444 \, s \approx 3,73 \, h$$

Luego:

$$X = 13444^{\frac{2}{3}} \cdot 0,06^{\frac{7}{9}} \cdot 0,15^{-\frac{2}{3}} = 83 \, m$$

$$Q = 83 \cdot 0,06 \cdot 13444^{-1} = 3,7 \cdot 10^{-4} \, \frac{m^3}{s}$$

y los parámetros adimensionales serían:

$$q_0^* = \frac{q_0}{Q} = \frac{4 \cdot 10^{-3} \, \frac{m^3}{s}}{3,7 \cdot 10^{-4} \, \frac{m^3}{s}} = 1,08$$

$$L^* = \frac{L}{x} = \frac{120}{83} = 1,45$$

y de la figura del anexo II para a=0,6 se obtiene:

$$DU = 52\%$$

y

$$t_{ar} = \frac{H_b \cdot L}{q_0} = \frac{H_r \cdot L}{DU \cdot q_0} = \frac{0,06 \cdot 120}{0,52 \cdot 4 \cdot 10^{-3}} = 3461,5 \, s = 1 \, h$$

<u>d) Riego por aspersión</u>

Al ser las necesidades brutas de 1600 m³/ha y la dosis de riego de 400 m³/ha, el número de riegos al mes será:

$$N_{riegos} = \frac{1600}{400} = 4 \ \frac{riegos}{mes}$$

y el tiempo de riego será:

$$t_{ar} = \frac{H_b}{i_h}$$

Con

$$i_h = \frac{Q_a}{e_a \cdot e_r} = \frac{2{,}16 \ \frac{m^3}{h}}{12 \cdot 18 \ m^2} = 0{,}0097 \ \frac{m}{h}$$

luego:

$$t_{ar} = \frac{0{,}04 \ m}{0{,}0097 \frac{m}{h}} = 4 \ h$$

Si se considera una jornada de riego de 8 horas, un ramal puede cubrir dos posiciones al día y, por tanto, en 7 días (14 posturas) se puede regar cada parcela. En 28 días útiles se pueden dar 4 riegos para cubrir las necesidades mensuales.

<u>Riego por superficie</u>

Ahora las necesidades son de 1800 m³/ha y la dosis de riego de 600 m³/ha, luego el número de riegos al mes será:

$$N_{riegos} = \frac{1800}{600} = 3 \ \frac{riegos}{mes}$$

Considerando 30 días útiles al mes, tenemos 10 días / riego.

Como cada riego dura 1h, se pueden regar los seis canteros el mismo día y dar un riego cada 10 días, o bien regar cada día un cantero y descansar 4 días entre riegos.

5. RIEGO LOCALIZADO

25. Se desea regar por goteo una plantación de frutales sobre una superficie llana. Para ello, se dispone del agua de un pozo que suministra un caudal de 5 L·s⁻¹. Se ha previsto que el gasto bombeado sea distribuido por el sistema representado en el croquis.

Las características del emisor son las que siguen:

- Gasto nominal: q_g = 7 L·h⁻¹
- Relación de gasto: $q = 0,7 \, h^{0,85}$ (q en L/h y h en m)

Los ramales se tienden con separación de cinco metros y los goteros se disponen con una separación de un metro. Para los ramales de goteo se adoptan tuberías de PE de baja densidad con diámetro exterior de 16 mm y espesor de 1,15 mm. Las tuberías secundarias serán de PE de alta densidad de diámetro exterior 63 mm y espesor de 2,4 mm. La tubería principal será de PVC de diámetro exterior 75 mm y espesor 1,8 mm. Se establece un programa de riegos diario aplicando secuencialmente el gasto disponible a cada uno de los cuatro sectores señalados.

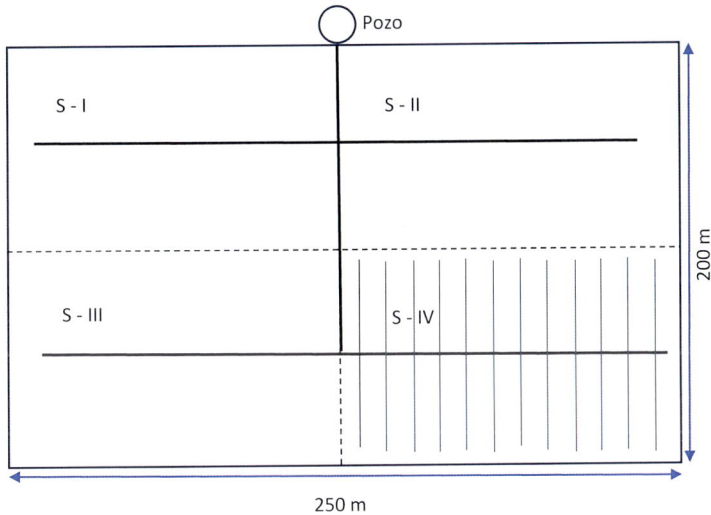

Se pide:

a) Tiempo necesario para regar toda la parcela si cada gotero debe aplicar 42 L/día.

b) Potencia necesaria de la bomba situada en el pozo (**η** = 0,65) si el nivel dinámico del agua en el mismo está 5 m por debajo de la superficie de la parcela.

c) Coste de la energía empleada si se riegan 2.000 h por campaña y el precio del kWh es de 0,1 €.

d) Comprobar la uniformidad en una subunidad

SOLUCIÓN:

a) Puesto que cada gotero debe aplicar 42 L/día, el tiempo que debe funcionar al día será:

$$\frac{42\,\dfrac{L}{día}}{7\,\dfrac{L}{h}} = 6\,\dfrac{h}{día}$$

Como hay cuatro sectores que se riegan de forma secuencial, el tiempo de riego diario será:

$$6\,\frac{h}{día \cdot sector}.\,4\;sector = 24\,\frac{h}{día}$$

es decir, el riego previsto no prevé un tiempo diario para mantenimiento lo que no es aconsejable.

b) Para calcular la potencia hay que considerar el caso más desfavorable que sería regando los sectores III y IV, es decir, los más alejados pues la parcela es plana.

$$P = \frac{\gamma \cdot Q \cdot \Delta H}{\eta}$$

De la ecuación anterior debemos calcular Q y ΔH.

Q = Q_{sector} = nº ramales · nº goteros/ramal · q_g = 2 · 125/5 · 50 · 7=17500 L/h = 4,86 L/s $\leq$ 5 L/s

Por tanto, el riego es posible pues necesitamos para regar un sector menos caudal que lo máximo que nos da el pozo.

$$\Delta H = \Sigma \, hf_{\text{pozo-gotero desfavorable}} + (p/\gamma)_{\text{gotero desfavorable}} + \Delta z_{\text{pozo-gotero}}$$

$$\Delta z_{\text{pozo-gotero}} = 5 \, m$$

Si se considera que el gotero más desfavorable tiene el caudal nominal entonces la altura de presión que debe tener dicho gotero será:

$$\frac{p}{\gamma} = h = \left(\frac{7}{0,7}\right)^{1/0,85} = 15 \, m$$

$$\Sigma \, hf_{\text{pozo-gotero desfavorable}} = hf_{\text{ramal}} + hf_{\text{secundaria}} + hf_{\text{principal}} + hf_{\text{singularidades}}$$

Como son tuberías lisas entonces se usará la ecuación de Blasius para calcular las pérdidas de carga.

$$hf = 4,65.10^{-1}.Q^{1,75}.D^{-4,75}.L$$

Estando Q en L/h, D en mm y L en m.

Calculemos las pérdidas de carga de cada tubería:

<u>Ramal</u>

$$hf_{ramal} = \frac{1}{m+1} \cdot 4,65.10^{-1} \cdot Q_{ramal}^{1,75} \cdot D_{ramal}^{-4,75} \cdot L_{ramal}$$

m=1,75

$$Q_{ramal} = n^{\circ} \, goteros \cdot q_g = 50 \cdot 7 \, L/h = 350 \, l/h$$

$$D_{ramal} = 16 - 2 \cdot 1,15 = 13,7 \, mm$$

$$L_{ramal} = 50 \, m$$

$$hf_{ramal} = 0,95 \, m$$

Secundaria o portaramales

$$hf_{secundaria} = \frac{1}{m+1} \cdot 4,65.\,10^{-1}. \, Q_{secundaria}^{1,75} \cdot D_{secundaria}^{-4,75} \cdot L_{secundaria}$$

m=1,75

$$Q_{secundaria} = n^{\underline{o}} \, ramales \cdot Q_{ramal} = 125/5 \cdot 350 \cdot 2 = 17500 \, L/h$$

$$D_{secundaria} = 63 - 2 \cdot 2,4 = 58,2 \, mm$$

$$L_{secundaria} = 125 \, m$$

$$Hf_{secundaria} = 2,33 \, m$$

Principal

$$hf_{principal} = 4,65.\,10^{-1} \cdot Q_{principal}^{1,75} \cdot D_{principal}^{-4,75} \cdot L_{principal}$$

$$Q_{principal} = Q_{secundaria} = 17500 \, L/h$$

$$D_{principal} = 75 - 2 \cdot 1,8 = 71,4 \, mm$$

$$L_{principal} = 155 \, m \, (se \, ha \, considerado \, los \, 5 \, m \, de \, profundidad \, del \, pozo)$$

$$Hf_{principal} = 3 \, m$$

Singularidades

Se consideran un 15% de las pérdidas en tuberías:

$$hf_{singularidades} = 0,15*(0,95+2,33+3) = 0,94 \, m$$

Por tanto, $\Delta H = 0{,}95 + 2{,}33 + 3 + 0{,}94 + 5 + 15 = 27{,}22$ m

La potencia será:

$$P = \frac{9800 \cdot 4{,}86. \, 10^{-3} \cdot 27{,}22}{0{,}65} = 1994 \; W \; \approx 2 \; kW$$

c) El coste es:

Coste= 2 kW · 2000 horas/campaña · 0,1 €/kWh = 400 €/campaña

d) Si en el gotero más desfavorable consideramos el caudal nominal

$$q_{min} = 7 \, L/h; \, h_{min} = 15 \, m$$

$$h_{max} = 15 + (hf_{ramal} + hf_{secundaria}) * 1{,}15 = 18{,}77 \, m$$

$$q_{max} = 0{,}7 \cdot h_{max}^{0,85} = 8{,}46 \, L/h$$

$$q_{var} = \frac{q_{max} - q_{min}}{q_{max}} \cdot 100 = 17{,}3 \, \%$$

Del diagrama de Wu (ver Anexo VIII) podemos determinar el valor de la uniformidad para un valor de q_{var} = 17,3 % resultando CU $\approx$ 95 %

27. Se considera un ramal de goteo de polietileno de L = 120 m y diámetro interior 0,01 m tendido sobre un terreno con pendiente I_0 = 2% descendente sobre el que se instalan goteros con un espaciamiento e = 2 m y cuya relación de gasto es: q = 0,42 $h^{0,85}$ (q en L/h y h en m).

Al efecto de suministrar un caudal medio q_r = 3 L/h se estima que la presión en el extremo no debe descender de 0,98 atm.

Se pide:

    a)   Carga necesaria en cabeza.

    b)   Estudiar la línea piezométrica.

    c)   Estimar la variación de gasto y la uniformidad a lo largo del ramal.

SOLUCIÓN:

a) De la ecuación de gasto, al q_g de 3 l/h le correspondería un h_g de 10,11 m:

$$h_{origen} = h_{extremo} + \Delta H - \Delta z$$

Con

$$\Delta z = L \cdot 0{,}02 = 2{,}4 \ m$$

Las pérdidas de carga (hf) se calculan mediante Blasius, al ser la tubería de PE, que en el SI se expresa por:

$$\Delta H = hf = 7{,}78 \cdot 10^{-4} \cdot Q^{1,75} \cdot D^{-4.75} \cdot L \cdot F$$

Donde

$$Q = \frac{L}{s_g} \cdot q_g = \frac{120}{2} \cdot 3 = 180 \, \frac{l}{h} = 5 \cdot 10^{-5} \, \frac{m^3}{s}$$

$$F = \frac{1}{m+1} = \frac{1}{1,75+1} = \frac{1}{2,75}$$

Por lo que resulta:

$$\Delta H = h_f = \frac{1}{2,75} \cdot 7,78 \cdot 10^{-4} \cdot (5 \cdot 10^{-5})^{1,75} \cdot 0,01^{-4,75} \cdot 120 := 3,19 \, m$$

Por tanto,

$$h_0 = 9,8 + 3,19 - 2,4 = 10,59 \, m$$

b) La línea piezométrica se estudiará después de resolver el apartado C.

c) En el ramal descendente nos encontramos en la situación:

$$X = \frac{\Delta z}{\Delta H} = \frac{2,4}{3,19} = 0,75 < 1$$

por lo que h_{max} estará en cabecera y h_{min} en un punto intermedio siendo el perfil de presiones del tipo:

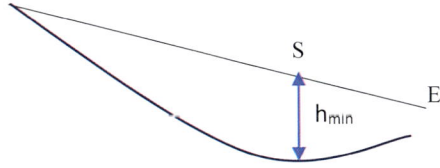

Para estudiar la uniformidad hay que determinar en qué punto se alcanza la presión mínima y el valor de esta, considerando que:

$$h_s = h_0 - R_s \cdot |\Delta H| + R'_s \cdot |\Delta z| \qquad (27-1)$$

Donde

$$R_S = \left[1 - \left(1 - \frac{S}{L} \right)^{m+1} \right]$$

$$R'_S = \frac{S}{L}$$

Buscamos el mínimo de la función (27-1) derivando respecto a S e igualando a cero.

$$\frac{S}{L} = 1 - \left[\frac{|\Delta z|}{(m+1) \cdot |\Delta H|} \right]^{\frac{1}{m}} = 1 - \left[\frac{2,4}{(1,75+1) \cdot 3,19} \right]^{\frac{1}{1.75}} = 0,5232$$

de donde S = 62,78m

Sustituyendo valores:

$$R_S = 0,8696$$
$$R_S' = 0,5232$$

de esta forma,

$$h_s = h_{min} = 10,59 - 0,8696 \cdot 3,19 + 0,5232 \cdot 2,4 = 9,07 \ m$$

y de la ecuación de gasto

$$q_{min} = 0,42. \, 9,07^{0,85} = 2,74 \ \frac{l}{h}$$

recordando que:

$$h_{max} = 10,59 \, m$$

$$q_{max} = 0,42 \cdot 10,59^{0,85} = 3,12 \, \frac{l}{h}$$

resulta que

$$q_{var} = \frac{q_{max} - q_{min}}{q_{max}} \cdot 100 = \frac{3,12 - 2,74}{3,12} \cdot 100 = 12,18 \, \%$$

Por lo que del ábaco de Wu, Anexo VIII, obtenemos un CU del 97 %.

b) Situando el origen de coordenadas en el origen del ramal (plano de comparación).

$$z_0 = 0; z_E = -2,4 \, m; z_S = -0,5232 \cdot 120 \cdot 0,02 = -1,26 \, m$$

$$\frac{p_0}{\gamma} + z_0 = 10,59 + 0 = 10,59 \, m$$

$$\frac{P_S}{\gamma} + z_S = 9,07 - 1,26 = 7,81 \, m$$

$$\frac{P_E}{\gamma} + z_E = 9,8 - 2,4 = 7,4 \, m$$

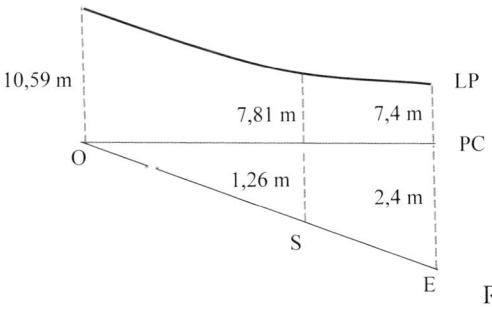

Se observa que la línea piezométrica siempre desciende, aunque la caída es mucho mayor al principio que al final. En cambio, la variación de alturas de presión no es descendente en toda su longitud, sino solo hasta S y después asciende. Representado la distribución de presiones tendríamos:

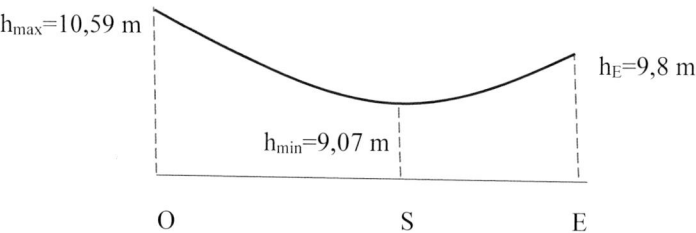

La altura nominal, $h_g = 10{,}11$m, se alcanza en un punto entre 0 y S, aunque más cerca del origen, y se puede obtener su posición de la ecuación (27-1).

28. Se va a regar por goteo un cultivo hortícola en líneas, utilizando para ello goteros con un caudal nominal $q_r = 2$ L/h, separados entre sí 0,5 m y situados en línea sobre ramales de PE de 10 mm de diámetro interior que están tendidos cada 2 m. La relación de gasto del gotero es:

$q = 0,4 \, h^{0,85}$, donde la carga h viene expresada en m y el gasto q en L/h.

La parcela está dividida en cuatro subunidades y está representada en el croquis adjunto. La tubería principal, de la que parten las secundarias que abastecen a cada subunidad, es de PVC de 100 mm de diámetro y las secundarias son también de PVC de 75 mm de diámetro.

El criterio de diseño adoptado para los ramales de riego establece que el coeficiente de uniformidad deberá ser del 95% y, naturalmente, el diseño de dichas subunidades estará condicionado por los límites que la uniformidad de riego impone a la longitud de los ramales.

En la red hay ramales que siguen las curvas de nivel y otros que siguen pendientes uniformes de un 2%.

El agua procede de un pozo cuyo nivel dinámico de bombeo queda 25 m bajo la superficie del terreno.

El turno de riego es de 2 días en el mes de máximo consumo. Cada día se riegan dos subunidades aunque no simultáneamente. Las necesidades hídricas del cultivo en el mes de máximo consumo han sido estimadas en 2.100 m³/ha.

Se pide:

a)   Número de horas diarias de funcionamiento del sistema, dosis e hidromódulo.

b)   Calcular la longitud de los ramales de goteo según que su trazado sea horizontal o tenga una pendiente ascendente o descendente del 2%.

c)   Calcular las pérdidas en las tuberías secundarias, supuesto que los ramales que abastecen reciben un caudal proporcional al número de goteros, y el coeficiente de uniformidad en cada subunidad. Enjuiciar, a la vista de los resultados, el diseño propuesto.

d) Pérdidas de carga en la tubería principal.

e) Dibujar la línea piezométrica desde el punto de bombeo hasta el extremo del ramal de mayor cota.

f) Calcular la potencia del grupo motobomba sumergido de rendimiento 0,6 para el que se utiliza una tubería de impulsión de acero de 100 mm de diámetro.

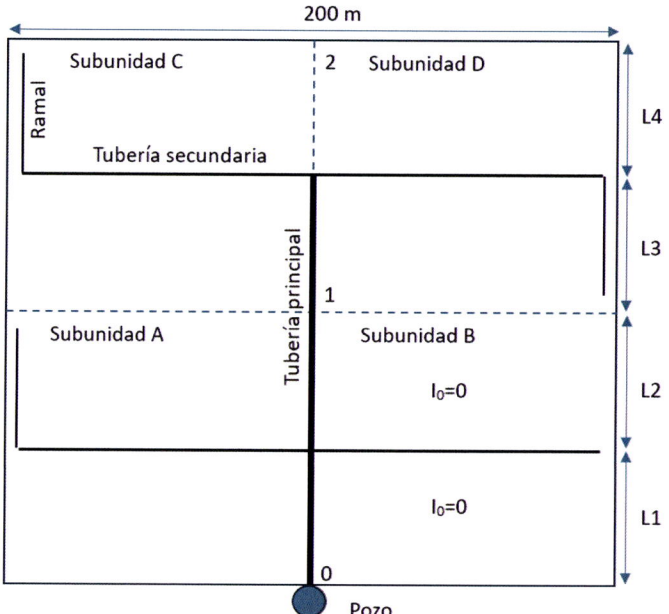

Entre los puntos 0 y 1, la pendiente es nula.
Entre los puntos 1 y 2, la pendiente es uniforme y ascendente con valor del 2%.

NOTAS:

1) Suponer pérdidas en singularidades un 5% de las pérdidas en tuberías.

2) Pendiente transversal nula.

3) Suponer que en los ramales descendentes la presión máxima se consigue en cabecera.

SOLUCIÓN:

a) Necesidades mensuales:

$$N_{men} = \frac{q_g \cdot t_r \left(\frac{h}{mes}\right)}{S_g \cdot S_r}$$

con:

$$t_r = \frac{30 \left(\frac{dias}{mes}\right) \cdot n \left(\frac{h}{dia}\right)}{Turno\ de\ riego} = \frac{30 \cdot n}{2} \left(\frac{h}{mes}\right)$$

Siendo turno de riego = 2 (cada 2 días)

$$2100 \left(\frac{m^3}{ha}\right) = \frac{2 \cdot 10^{-3} \left(\frac{m^3}{h}\right) \cdot \left(\frac{30 \cdot n}{2}\right) \left(\frac{h}{mes}\right)}{(0{,}5 \cdot 2)(m^2)} \cdot \frac{1000 m^2}{ha}$$

Con esto, se obtiene n = 7 h por día de riego, es decir, cada subunidad se riega 7 h cada 2 días. Como cada día se riegan dos subunidades, el número de horas de funcionamiento será:

$$N^0 = 7\ \frac{h}{sub} \cdot \frac{2\ sub}{día} = 14\ \frac{h}{día}$$

La dosis de riego será:

$$D = \frac{2100 \frac{m^3}{ha}}{15 \frac{riegos}{mes}} = 140\ \frac{m^3}{ha \cdot riego}$$

Y el hidromódulo:

$$q_h = \frac{2100 \left(\frac{m^3}{ha}\right) \cdot 10^3 \left(\frac{l}{m^3}\right)}{30 \left(\frac{dias}{mes}\right) \cdot 14 \left(\frac{h\,riego}{dia}\right) \cdot 3600 \left(\frac{s}{h}\right)} = 1{,}39 \frac{l}{s \cdot ha}$$

es decir, el caudal ficticio continuo durante las horas de riego. En cambio, el caudal ficticio continuo durante las 24 horas del día:

$$q_{cfc} = 1{,}39 \cdot \frac{14}{24} = 0{,}81 \frac{l}{s \cdot ha}$$

b) En este problema se supone que en los ramales descendentes la presión máxima se consigue en cabecera. La longitud de un ramal se obtiene resolviendo la ecuación:

$$L = 1{,}91 \cdot (I_0 \cdot L - \Delta h_L)^{0,364} \cdot D^{1,74} \cdot S_g^{0,64} \cdot q^{-0,64} \tag{28-1}$$

que es resultado de combinar la ecuación de la energía con la ecuación de pérdidas de carga (Blasius), despreciando las pérdidas de carga en singularidades:

$$\Delta H = -\mathrm{hf}_r = -\frac{I \cdot L}{m+1} = \Delta h \pm I_0 \cdot L$$

Con

$$I = \frac{hf}{L} = 0{,}465 \cdot Q^{1,75} \cdot D^{-4,75}$$

Del ábaco de Wu (Anexo VIII), para un coeficiente de uniformidad CU = 95% se obtiene un q_{var} = 20%. Luego:

$$q_{max} = q_r \cdot \left(1 + \frac{q_{var}}{100}\right) = 2 \cdot (1 + 0{,}2) = 2{,}4 \frac{l}{h}$$

$$q_{min} = q_r \cdot \left[1 - \left(\frac{q_{var}}{100}\right)^2\right] = 2 \cdot (1 - 0{,}64) = 1{,}92 \frac{l}{h}$$

De la ecuación de gasto del gotero:

$$h_{\max} = \left(\frac{2,40}{0,4}\right)^{\frac{1}{0,85}} = 8,23 \ m$$

$$h_{\min} = \left(\frac{1,92}{0,4}\right)^{\frac{1}{0,85}} = 6,33 m$$

Por lo que

$$\Delta h = 1,90 m$$

Sustituyendo en la ecuación (28-1):

$$L = 1,91 \cdot (I_0 \cdot L - 1,90)^{0,364} \cdot D^{1,74} \cdot 0,5^{0,64} \cdot 2^{-0,64}$$

Resolviendo por aproximaciones sucesivas:

Ramal horizontal

$$I_0 = 0 \Rightarrow L_r = 55 m \Rightarrow n_g = 110$$

Siendo $L_r = L_1 = L_2$

Ramal ascendente

$$I_0 = -0,02 \Rightarrow L_r = 44 \ m \Rightarrow n_g = 88$$

Siendo $L_r = L_4$

Ramal descendente

$$I_0 = +0,02 \Rightarrow L_r = 66 \ m \Rightarrow n_g = 132$$

Siendo $L_r = L_3$

c) Tuberías secundarias o portaramales

$$L_s = 100 \ m$$

El número de ramales abastecido por la secundaria es 100/2=50 a cada lado.

Hay dos opciones:

- Si abastece a dos ramales tendidos en terreno horizontal, el número total de goteros en los dos ramales será 110·2=220
- Si abastece a un ramal ascendente y a otro en terreno descendente, el número total de goteros en los dos ramales será 88+132=220

Luego el caudal que pasa por todas las tuberías secundarias es el mismo:

$$Q_S = 220 \cdot 2 \cdot 50 = 22000 \ \frac{l}{h} = 0{,}0061 \ \frac{m^3}{s}$$

y las pérdidas de carga:

$$hf_s = \frac{1}{2{,}75} \cdot 4{,}65 \cdot 10^{-1} \cdot 22000^{1{,}75} \cdot 75^{-4{,}75} \cdot 100 = 0{,}83 \ m$$

d) Tubería principal

$$L_p = L_1 + L_2 + L_3 = 55 + 55 + 66 = 176 \ m$$

Y la pérdida de carga también se calcula con Blasius al ser la tubería de PVC:

$$hf_p = 4{,}65 \cdot 10^{-1} \cdot 22000^{1{,}75} \cdot 100^{-4{,}75} \cdot 176 = 1{,}03 \ m$$

e) Línea piezométrica

Primero hay que resolver el apartado f.

f) Para calcular las pérdidas de carga en la tubería de impulsión se utiliza la ecuación de Darcy-Weisbach tomando k (impulsión- acero) = 0,045 mm:

$$h_f = f\left(\frac{k}{D}, \mathbb{R}\right) \cdot \frac{L}{D} \cdot \frac{U^2}{2 \cdot g}$$

Para un caudal de 0,0061 m³/s y m diámetro de 100 mm, la velocidad es 0,778 m/s. Por tanto:

$$\mathbb{R} = \frac{U \cdot D}{\vartheta} = 77800$$

$$\frac{k}{D} = \frac{0,045}{100} = 4,5 \cdot 10^{-4}$$

Del diagrama de Moody (Anexo IX) se obtiene f = 0,021

$$h_{fi} = 0,021 \cdot \frac{25}{0,01} \cdot \frac{0,778^2}{2 \cdot g} = 0,126 \, m$$

$$\Delta H = \sum hf + \frac{P}{\gamma} + \Delta z$$
$$= (1,02 + 0,83 + 1,03 + 0,126) \cdot 1,05 + 6,64 + 25$$
$$+ (66 + 44) \cdot 0,02 = 37 \, m$$

Siendo

$$\Delta z = 25 + (66 + 44) \cdot 0,02 = 27,2 \, m$$

$$hf_r = \Delta h - I_0 \cdot L = 1,90 - 0,02 \cdot 44 = 1,02 \, m$$

y la altura de presión es la nominal correspondiente a un caudal del gotero de 2 L/h.

De la ecuación de gasto:

$$\frac{p}{\gamma} = \left(\frac{2}{0,4}\right)^{\frac{1}{0,85}} = 6,64 \ m$$

Finalmente

$$P = \frac{9,8 \cdot 10^3 \cdot 0,0061 \cdot 37}{0,6} = 3686,43 \ W = 3,686 \ kW = 5,01 \ CV$$

e) Considerando que el plano de comparación está en la superficie del pozo:

$$h_0 = h_{\text{pozo}} + \Delta H - hf_{pozo-0} = 0 + 37 - 0,126 = 36,874 \ m$$
$$\Rightarrow \frac{P_0}{\gamma} = 36,874 - 25 = 11,874 \ m$$

$$h_M = h_0 - hf_{OM} = 36,874 - (1,03 \cdot 1,05) = 35,7925 \ m \Rightarrow$$
$$\frac{P_M}{\gamma} = 35,7925 - (25 + 0,02 \cdot 66) = 9,4725 \ m$$

$$h_N = h_M - hf_{MN} = 35,7925 - (0,83 \cdot 1,05) = 34,921 \ m$$
$$\Rightarrow \frac{p_N}{\gamma} = 34,921 - (25 + 0,02 \cdot 66) = 8,601 \ m$$

$$h_F = h_N - hf_{NF} = 34,921 - (1,02 \cdot 1,05) = 33,85 \ m$$
$$\Rightarrow \frac{P_F}{\gamma} = 33,85 - (25 + 0,02 \cdot 66 + 0,02 \cdot 44) = 6,65 \ m$$

Cálculo de la longitud del ramal descendente sin considerar que la altura de presión máxima está en cabecera

En un ramal descendente, la situación del punto de presión máxima y el de presión mínima depende de la relación:

$$X = \frac{\Delta Z_L}{\Delta H_L}$$

Siendo $\Delta Z_L = I_0 \cdot L = 0,02 \cdot L$

$$\Delta H_L = h f_L = \frac{1}{m+1} \cdot 0{,}465 \cdot Q^{1{,}75} \cdot D^{-4{,}75} \cdot L = \frac{0{,}465}{2{,}75} \cdot (4L)^{1{,}75} \cdot 10^{-4{,}75} \cdot L$$

$$= 3{,}4 \cdot 10^{-5} \cdot L^{2{,}75}$$

ya que:

$$Q = q_g \cdot n_g = q_g \cdot \frac{L}{s_g} = 2 \cdot \frac{L}{0{,}5} = 4 \cdot L$$

Luego:

$$X = \frac{0{,}02 \cdot L}{3{,}4 \cdot 10^{-5} \cdot L^{2{,}75}} = \frac{588{,}24}{L^{1{,}75}}$$

pero al desconocer L no sabemos el valor de X, aunque si podemos delimitarlo:

$$\begin{cases} si\ X = 1 \Rightarrow L = 38{,}25m \\ si\ X < 1 \Rightarrow L > 38{,}25m \\ si\ X > 1 \Rightarrow L < 38{,}25m \end{cases}$$

De la ecuación que nos da la altura de presión en un punto genérico del ramal:

$$h_i = h_0 + \left[1 - \left(1 - \frac{s}{L} \right)^{m+1} \right] \cdot \Delta H_L - \frac{s}{L} \cdot \Delta Z_L \qquad (28\text{-}2)$$

Dado que:

$$\Delta h = 1{,}90\ m = h_0 - (h_i)_{min}$$

y

$$i_{min} = \left(\frac{S}{L} \right)_{min} = 1 - \left[\frac{\Delta Z_L}{(m+1) \cdot \Delta H_L} \right]^{\frac{1}{m}} = 1 - \left[\frac{0{,}02 \cdot L}{9{,}36 \cdot 10^{-5} \cdot L^{2{,}75}} \right]^{0{,}57} = 1 - \frac{21{,}28}{L}$$

Sustituyendo en (28-2):

$$h_{i\,min} = h_0 - \left[1 - \left(\frac{21,28}{L}\right)^{2,75}\right] \cdot 3,4 \cdot 10^{-5} \cdot L^{2,75} + \left[1 - \frac{21,28}{L}\right] \cdot 0,02 \cdot L$$

$$-1,90 = -\left[1 - \left(\frac{21,28}{L}\right)^{2,75}\right] \cdot 3,4 \cdot 10^{-5} \cdot L^{2,75} + \left[1 - \frac{21,28}{L}\right] \cdot 0,02 \cdot L$$

Resolviendo por aproximaciones sucesivas:

$$L = 61,8 \; m = L3 < al\ calculado = 66\ m$$

Como $X = \dfrac{588,24}{61,8^{1,75}} = 0,43$, la altura de presión máxima está en cabecera, como se supuso, pero la mínima no está en cola sino en un punto intermedio.

$$i_{min} = 1 - \frac{21,28}{61,8} = 0,656 \Rightarrow S_{min} = i_{min} \cdot L = 40,54\ m$$

29. En la figura adjunta se representa un depósito de grandes dimensiones desde el que se bombea agua a través de una tubería de acero hasta el punto A situado a igual cota que la bomba.

Se pide:

1) Supuesto que desde A se riega simultáneamente con tres ramales de goteo (ϕ 16 mm) de máxima longitud admisible, tendidos uno sobre terreno llano, otro sobre terreno ascendente con pendiente uniforme del 1% y otro sobre terreno descendente de pendiente 1%, calcular la potencia del grupo motobomba si su rendimiento es de 0,7.

2) Id. con tres ramales de aspersión (ϕ 75 mm) tendidos horizontalmente.

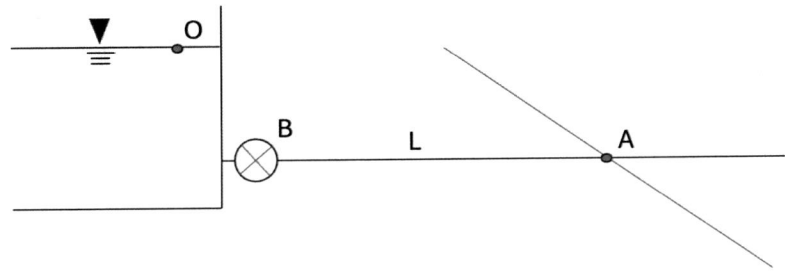

DATOS: $z_0 = 90$ m ; $z_A = z_B = 85$ m ; $L_{B\text{-}A} = 100$ m

Goteo: $\phi_{B\text{-}A} = 30$ mm; Material de ramales = polietileno; $e_g = 1$ m
Presión de trabajo = 1,5 kgf/cm²; $q_g = 8$ L/h; $C_u = 97\%$
Ecuación de gasto en los goteros: $q = 0{,}92\ h^{0{,}8}$ (q en L/h y h en m)

Aspersión: $\phi_{B\text{-}A} = 200$ mm; Material de laterales = aluminio; $e_a = 12$ m
Presión de trabajo = 3,5 kgf/cm²; $q_a = 2$ m³/h

NOTA: Se desprecian pérdidas en puntos singulares y alturas cinéticas.

SOLUCIÓN:

1) La longitud máxima admisible de un ramal de riego por goteo se obtiene resolviendo la ecuación:

$$L = 1{,}91 \cdot (\Delta h_s - \Delta z_s)^{0{,}364} \cdot D^{1{,}74} \cdot e_g^{0{,}64} \cdot q_g^{-0{,}64} \qquad (29\text{-}1)$$

donde:

$\Delta h_s = h_s - h_o$ (siendo s un punto genérico a lo largo del ramal)

$\Delta z_s = z_s - z_o$

D = diámetro en mm

q_r = caudal del ramal (l/h)

Según el ábaco de Wu (Anexo VIII), para CU = 97% el q_{var} es del 10%.

Luego:

$$q_M = q_g \cdot \left(1 + \frac{q_{var}}{100}\right) = 8 \cdot \left(1 + \frac{10}{100}\right) = 8{,}8 \, \frac{l}{h}$$

$$q_m = q_g \cdot \left(1 - \left(\frac{q_{var}}{100}\right)^2\right) = 8 \cdot \left(1 - \left(\frac{10}{100}\right)^2\right) = 7{,}92 \, \frac{l}{h}$$

y de la ecuación de gasto:

$$h_m = \left(\frac{q_M}{0{,}92}\right)^{\frac{1}{0{,}8}} = 16{,}82 m$$

$$h_m = \left(\frac{q_m}{0{,}92}\right)^{\frac{1}{0{,}8}} = 14{,}75 m$$

$$\Delta h = h_M - h_m = 2{,}07 m$$

a) Terreno horizontal ($\Delta z=0$)

En la expresión (29-1) s =L ya que la presión máxima se alcanza en cabecera del ramal y la mínima en cola.

En consecuencia, aplicando (29-1):

$$L_h = 1{,}91 \cdot \Delta h_L^{0,364} \cdot D^{1,74} \cdot e_g^{0,64} \cdot q_g^{-0,64}$$

$$L_h = 1{,}91 \cdot 2{,}07^{0,364} \cdot 16^{1,74} \cdot 1^{0,64} \cdot 8^{-0,64} = 81{,}89m = 82m$$

$$\Rightarrow 82 \, \frac{goteros}{ramal} \Rightarrow q_{rh} = 656 \, \frac{l}{h}$$

b) Terreno ascendente ($\Delta z > 0$)

Análogamente al caso anterior, s = L ya que también la presión máxima está en cabecera y la mínima en cola. Aplicando (29-1):

$$L_a = 1{,}91 \cdot (\Delta h_L - \Delta Z_L)^{0,364} \cdot D^{1,74} \cdot e_g^{0,64} \cdot q_g^{-0,64}$$

$$L_a = 1{,}91 \cdot (2{,}07 - 0{,}01 \cdot L_a)^{0,364} \cdot 16^{1,74} \cdot 1^{0,64} \cdot 8^{-0,04}$$

de donde, por aproximaciones sucesivas:

$$L_a \approx 70m \Rightarrow 70 \, \frac{goteros}{ramal} \Rightarrow q_{ra} = 560 \, \frac{l}{h}$$

Evidentemente, $L_a < L_h$ ya que la presión se disipa a una distancia menor, pues parte de la energía se invirtió en cota.

c)   Terreno descendente ($\Delta z < 0$)

En este caso no se sabe dónde se encuentra la presión máxima ni la mínima. Por ello, vamos a considerar dos supuestos:

C.1. Supuesto falso: presiones máxima y mínima en los extremos del ramal (es indistinto cual se encuentra en cabeza y cual en cola para resolver este caso).

C.2. Supuesto verdadero: se desconoce dónde estará la presión máxima y donde la mínima.

La comparación de ambos supuestos nos permitirá conocer el error que se comete al aceptar el caso C.1.

C.1. Se vuelve a utilizar la ecuación (29-1):

$$L_{d1} = 1{,}91 \cdot (2{,}07 + 0{,}01 \cdot L_d)^{0,364} \cdot 16^{1,74} \cdot 1^{0,64} \cdot 8^{-0,64}$$

de donde:

$$L_{d1} = 94m \Rightarrow 94\ \frac{goteros}{ramal} \Rightarrow q_{rd1} = 752\ \frac{l}{h}$$

La longitud del ramal es ahora mayor pues hay una ganancia de cota en su recorrido y la presión tarda más en alcanzar el mínimo.

C.2. Se obtiene en este caso (ver procedimiento seguido en el problema 28):

$$X = \frac{\Delta z_L}{\Delta H_L}$$

Con:

$$\Delta z_L = 0{,}01 \cdot L_{d2}$$

$$\Delta H_L = hf_L = \frac{1}{2{,}75} \cdot 0{,}465 \cdot (8 \cdot L_{d2})^{1,75} \cdot 16^{\ 4.75} \cdot L_{d2}$$

(Usando Blasius con F = 1/2,75)

ya que:

$$Q_r = q_g \cdot n_g = q_g \cdot \frac{L}{e_g} = 8 \cdot \frac{L}{1} = 8 \cdot L$$

Por tanto:

$$\Delta H_L = 1{,}23 \cdot 10^{-5} \cdot L_{d2}^{2,75}$$

Luego:

$$X = \frac{0{,}01 \cdot L_{d2}}{1{,}23 \cdot 10^{-5} \cdot L_{d2}^{2,75}} = \frac{814{,}78}{L_{d2}^{1,75}} \tag{29-2}$$

Valor desconocido pues se ignora L_{d2}.

La altura de presión para un punto s genérico del ramal es:

$$h_i = h_0 + \left[1 - \left(1 - \frac{s}{L}\right)^{m+1}\right] \cdot \Delta H_L - \frac{s}{L} \cdot \Delta z_L \tag{29-3}$$

Con

$$i = \frac{s}{L}$$

Dado que

$$\Delta h = 2{,}07 \ m = h_0 - (h_i)_{\min}$$

y que

$$i_m = \left(\frac{s}{L}\right)_{\min} = 1 - \left[\frac{\Delta z_L}{(m+1) \cdot \Delta H_L}\right]^{\frac{1}{m}} = 1 - \left[\frac{0{,}01 \cdot Ld_2}{3{,}38 \cdot 10^{-5} \cdot L_{d2}^{2,75}}\right]^{\frac{1}{1,75}} = 1 - \frac{25{,}81}{L_{d2}}$$

que sustituido en (29-3):

$$(h_i)_{min} = h_0 - \left[1 - \left(\frac{25,81}{L_{d2}}\right)^{2,75}\right] \cdot 1,23 \cdot 10^{-5} \cdot L_{d2}^{2,75} + \left(1 - \frac{25,81}{L_{d2}}\right) \cdot 0,01 \cdot L_{d2}$$

ya que tanto ΔH_L, como Δz_L, son negativos.

Resolviendo por aproximaciones sucesivas y teniendo en cuenta que:

$$(h_i)_{min} - h_o = -2,07\ m,$$

resulta

$$L_{d2,} = 89\,m \rightarrow 89\,goteros/ramal \rightarrow q_{rd2}{=}712\,l/h$$

Es decir, $L_{d2} < L_{d1}$, y en el supuesto falso se diseñaría el ramal con una longitud mayor.

De (29-2):

$$X = \frac{814,78}{89^{1.75}} = 0,32 < 1$$

Luego la altura de presión máxima está en cabecera, pero la mínima no está en cola sino en un punto intermedio:

$$i_{min} = 1 - \frac{21,28}{89} = 0,761 \Rightarrow S_{min} = 67,72m$$

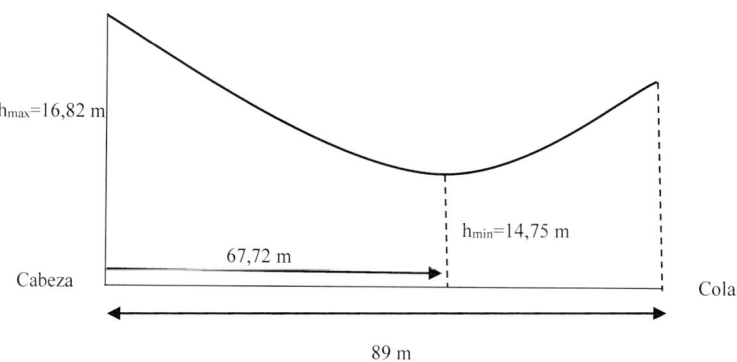

Para calcular la potencia del grupo motobomba hay que calcular primero las pérdidas de carga en la tubería AB, para lo que se utilizará la ecuación de Darcy - Weisbach, considerando que la aspereza absoluta del acero es K = 0,045 mm.

$$h_f = f \cdot \frac{L}{D} \cdot \frac{U^2}{2 \cdot g} \qquad (29\text{-}4)$$

para calcular el factor de rozamiento, f, se recurre al diagrama de Moody (Anexo IX):

$$\frac{k}{D} = \frac{0,045}{30} = 0,0015$$

$$\mathbb{R} = \frac{U \cdot D}{v} = \frac{0,76 \cdot 0,03}{10^{-6}} = 22800$$

$$\Rightarrow f = 2,8 \cdot 10^{-2}$$

$$Q_{total} = 656 + 560 + 712 = 1928 \, \frac{L}{h} = 5,36 \cdot 10^{-4} \, \frac{m^3}{s}$$

$$U = \frac{Q_{total}}{\frac{\pi \cdot D^2}{4}} = \frac{5,36 \cdot 10^{-4}}{\frac{\pi \cdot 0,03^2}{4}} = 0,76 \, \frac{m}{s}$$

Sustituyendo en (29-4):

$$hf_{BA} = 2,8 \cdot 10^{-2} \cdot \frac{100}{0,03} \cdot \frac{0,76^2}{2 \cdot g} = 2,75m$$

y el ΔH que debe suministrar la bomba sería:

$$\Delta H = hf_{BA} + (\Delta H)_{M \, en \, ramales} + \Delta z + \frac{P_{trabajo}}{\gamma}$$

Con:

$$(\Delta H)_{M\ en\ ramales} = \Delta h + \Delta z_{en\ ramal\ más\ desfavorable} = 2,07 + (0,01 \cdot 89) = 2,96\ m$$

$$\Delta Z = z_{ramales} - z_{depósito} = 85 - 90 = -5\ m$$

$$\frac{P_{trabajo}}{\gamma} = 15m$$

Luego: ΔH = 2,75 + 2,96 – 5 + 15 = 15,92 m

$$P = \frac{\gamma \cdot Q \cdot \Delta H}{\eta}$$

$$P = \frac{9800\ \frac{N}{m^3} \cdot 5,36 \cdot 10^{-4}\ \frac{m^3}{s} \cdot 15,92\ m}{0,7} = 119,5\ W = 0,1195\ kW = 0,162\ CV$$

2) En este caso, los tres ramales de aspersión están tendidos horizontalmente, luego el diseño es idéntico para los tres.

Considerando que se acepta que hay uniformidad cuando Δq_M, = 10%, entonces:

$$\Delta h_M = 20\% \cdot \frac{p_t}{\gamma} = 20\% \cdot 35 = 7\ m$$

Como los ramales son de aluminio, se usa la ecuación de Scobey:

$$h_f = F \cdot k_s \cdot 0,004 \cdot L \cdot Q^{1,9} \cdot D^{-4.9} = \Delta h_M$$

En unidades del S.I., con K_s=0,4 (aluminio).

$$F = \frac{1}{m+1} + \frac{1}{2 \cdot N} + \frac{(m-1)^{0.5}}{6 \cdot N^2}$$

con m = 1,9 y N =L/12

$$Q = \frac{L}{12} \cdot q_a = \frac{L}{12} \cdot 2 = \frac{L}{6} \left(\frac{m^3}{h}\right) = \frac{L}{21600} \left(\frac{m^3}{S}\right)$$

$$D = 0,075m$$

$$h_f = 7m$$

Luego:

$$7 = \left(\frac{1}{1,9+1} + \frac{1}{2 \cdot \frac{L}{12}} + \frac{(1,9-1)^{0,5}}{6 \cdot \left(\frac{L}{12}\right)^2}\right) \cdot 0,4 \cdot 0,004 \cdot L \cdot \left(\frac{L}{21600}\right)^{1,9} \cdot (0,075)^{-4,9}$$

Resolviendo por aproximaciones sucesivas, resulta L = 220 m que ajustada por defecto a la longitud más próxima que sea múltiplo de 12 (distancia entre aspersores) se llega a aceptar:

$$L = 216m \Rightarrow N_{aspersores} = \frac{216}{12} = 18 \Rightarrow Qramal = 18 \cdot 2 = 36 \frac{m^3}{h} \Rightarrow$$

$$Q_{total} = 108 \frac{m^3}{h} = 0,03 \frac{m^3}{s}$$

Dado que los tres ramales son iguales.

Ahora, usando (29-4), las pérdidas de carga en la tubería AB serán:

$$\frac{k}{D} = \frac{0,045}{200} = 0,00025$$

$$\mathbb{R} = \frac{u \cdot D}{v} = \frac{0,955 \cdot 0,2}{10^{-6}} = 191000$$

Usando el diagrama de Moody (Anexo IX)

$$\Rightarrow f = 1{,}75 \cdot 10^{-2}$$

Siendo:

$$U = \frac{0{,}03}{\dfrac{\pi \cdot 0{,}2^2}{4}} = 0{,}955 \ \frac{m}{s}$$

Por tanto:

$$hf_{AB} = 0{,}0175 \cdot \frac{100}{0{,}2} \cdot \frac{0{,}955^2}{2 \cdot g} = 0{,}407 m$$

$$\Delta H_{Bomba} = hf_{AB} + hf_{ramal} + \frac{P_t}{\gamma} + \Delta z = 0{,}407 + 7 + 35 - 5 = 37{,}407 m$$

Luego:

$$P = \frac{9800 \dfrac{N}{m^3} \cdot 0{,}03 \dfrac{m^3}{s} \cdot 37{,}407 m}{0{,}7} = 15711 \ W = 15{,}711 \ kW = 21{,}35 \ CV$$

30. Se desea regar por goteo un cultivo en líneas en una finca llana situada en la vega de un río y colindante con éste. Las necesidades del cultivo en el mes de máximo consumo han sido estimadas en 3.600 m³/ha. La separación entre líneas de cultivo es de 0,75 m y se colocará un ramal de riego en cada línea con goteros espaciados 0,5 m. El tiempo disponible para el riego es de 8 horas al día y se podrá regar en los 30 días del mes. La dotación de agua disponible en la toma del río es de 50 l/s.

Se pide:

a)   Organización del riego, tiempo y dosis de riego.

b)   Diseñar los ramales de riego y la red de tuberías.

c)   Potencia de la bomba.

d)   Comprobar la uniformidad en cada subunidad.

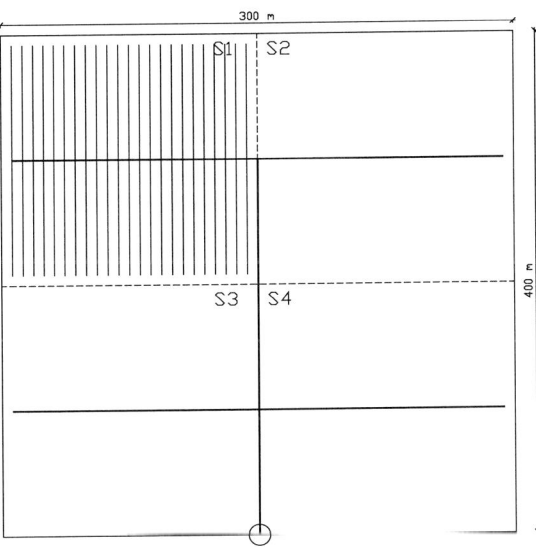

DATOS:

Tuberías:

Material	Diámetro (mm)	Espesor (mm)	Material	Diámetro (mm)	Espesor (mm)
	12,2	1,10		75,0	1,80
	16,0	1,15		90,0	1,80
	18,7	1,35		110,0	2,20
	20,0	1,50		125,0	2,50
PE	25,0	1,60	PVC	140,0	2,80
	32,0	2,00		160,0	3,20
	40,0	2,50		180,0	3,60
	50,0	3,20		200,0	4,00
	63,0	4,00		225,0	4,50

Gotero: $q_n = 2{,}25$ L/h ; $q = 0{,}821\, h^{0{,}517}$ (q en L/h, h en m)

SOLUCIÓN:

a) Como la frecuencia de riego es diaria entonces habrá 30 riegos al mes.

$$Dosis = \frac{Necesidades}{n^{\underline{o}}\ riegos} = \frac{3600\ \dfrac{m^3}{ha}}{30\ riegos} = 120\ \frac{m^3}{ha \cdot riego} = 12\ \frac{mm}{riego}$$

$$t_{ar} = \frac{Dosis}{\dfrac{q_g}{S_g \cdot S_r}} = \frac{12\ mm}{\dfrac{2{,}25\ \dfrac{L}{h}}{0{,}75 \cdot 0{,}5\ m^2}} = 2\ h$$

Nº goteros ramal=100/0,5 = 200

Nº ramales = 150/0,75 = 200

Nº goteros unidad = 200·200·2=80000

Q_{unidad} = 80000·2,25 = 180000 L/h = 50 L/s

Puesto que la dotación disponible es de 50 L/s y se necesita para el riego de una unidad 50 L/s solo se podrá regar una unidad al mismo tiempo. Al día se pueden regar las 4 unidades pues cada una tardaría 2 h y el tiempo máximo de riego es de 8 h.

b) El criterio hidráulico que se tiene en cuenta para el diseño de los ramales y portarramales va a ser la uniformidad. Vamos a considerar para los ramales una uniformidad del 97,5 % y para la terciaria o portarramal del 95 %.

<u>Ramal</u>

Usando el ábaco de Wu (Anexo VIII), si CU = 97,5 % $\Rightarrow$ q_{var} = 10 %
L_{ramal} = 100 m
Q_{ramal} = Nº goteros·q_n =200·2,25 = 450 L/h

Si consideramos que el gotero más desfavorable tenga un q_{min} = q_n = 2,25 L/h y puesto que q_{var} es:

$$q_{var} = \frac{q_{max} - q_{min}}{q_{max}} = \frac{q_{max} - 2,25}{q_{max}} = 0,1$$

de la ecuación anterior,

q_{max} = 2,25/0,9 = 2,5 L/h

y despejando de la ecuación de gasto del gotero,

$$h_{max} = \left(\frac{2,5}{0,821}\right)^{1/0,517} = 8,61 \, m$$

$$h_{min} = \left(\frac{2,25}{0,821}\right)^{1/0,517} = 7,02 \, m$$

$$\Delta h_{ramal} = h_{max} - h_{min} = 8,61 - 7,02 = 1,58 \, m$$

La variación de presión en el ramal se debe a la pérdida de carga y a la variación de cota.

$$\Delta h_{ramal} = hf_{ramal} \pm I_o \cdot L_{ramal} \text{ ; pero } I_o = 0$$

Por tanto,

$$hf_{ramal} = \frac{1}{m+1} \cdot 4{,}65.\,10^{-1} \cdot Q_{ramal}^{1,75} \cdot D_{ramal}^{-4,75} \cdot L_{ramal} = 1{,}58\ m$$

Despejando de la ecuación anterior D_{ramal} = 15,6 mm. Elegimos según la tabla de diámetros comerciales el ramal con D_{ramal} = 18,7 mm el cual tiene un diámetro interior D_{iramal} = 18,7 – 2x1,35 = 16 mm.

De acuerdo con este diámetro, la pérdida de carga real y la Δh_{ramal} en el ramal es,

$$hf_{ramal} = \Delta hramal = \frac{1}{2{,}75} \cdot 4{,}65.\,10^{-1} \cdot 450^{1,75} \cdot 16^{-4,75} \cdot 100 = 1{,}41\ m$$

Terciaria o portaramales

Si CU = 95 % $\Rightarrow$ q_{var} = 20 % (Anexo VIII)

Si consideramos que el gotero más desfavorable tenga un $q_{min} = q_n = 2{,}25$ L/h y puesto que q_{var} es,

$$q_{var} = \frac{q_{max} - q_{min}}{q_{max}} = \frac{q_{max} - 2{,}25}{q_{max}} = 0{,}2$$

de la ecuación anterior,

$$q_{max} = 2{,}25/0{,}8 = 2{,}81\ L/h$$

y despejando de la ecuación de gasto del gotero,

$$h_{max} = \left(\frac{2,81}{0,821}\right)^{1/0,517} = 10,08 \ m$$

$$h_{min} = \left(\frac{2,25}{0,821}\right)^{1/0,517} = 7,02 \ m$$

Por tanto, la variación de presión entre el gotero de máxima presión y el de mínima será

$$\Delta h = h_{max} - h_{min} = 10,08 - 7,02 = 3,06 \ m$$

Esta variación de presión es en toda la unidad por lo que podemos decir lo siguiente,

$$\Delta h = \Delta h_{ramal} + \Delta h_{terciaria} = 3,06 \ m$$

En el apartado anterior se calculó la variación de presión en el ramal (Δh_{ramal} = 1,41 m) por lo que $\Delta h_{terciaria}$ = 3,06 – 1,41 = 1,65 m. Pero la variación de presión se debe a la pérdida de carga y a la variación de cota,

$$\Delta h_{terciaria} = hf_{terciaria} \pm I_o \cdot L_{terciaria} \ ; pero \ I_o = 0$$

Por tanto,

$$hf_{terciaria} = \frac{1}{m+1} \cdot 4,65.10^{-1} \cdot Q_{terciaria}{}^{1,75} \cdot D_{terciaria}{}^{-4,75} \cdot L_{terciaria}$$
$$= 1,65 \ m$$

$$Q_{terciaria} = 450 \cdot 200 \cdot 2 = 180000 \ L/h$$

$$L_{terciaria} = 150 \ m$$

Despejando de la ecuación anterior $D_{terciaria}$ = 153,46 mm. Elegimos según la tabla de diámetros comerciales la terciaria con $D_{terciaria}$ = 160 mm el cual tiene un diámetro interior $D_{iterciaria}$ = 160 – 2·3,2 = 153,6 mm.

De acuerdo con este diámetro la pérdida de carga real y la $\Delta h_{terciaria}$ en la terciaria es,

$$hf_{terciaria} = \Delta h_{terciaria} = \frac{1}{2,75} \cdot 4,65.10^{-1} \cdot 180000^{1,75} \cdot 153,6^{-4,75} \cdot 150$$
$$= 1,64\ m$$

Principal

Para el dimensionamiento de la tubería principal consideramos una velocidad máxima de 1,5 m/s. Por tanto, sabiendo que el caudal de la principal es el de una unidad Q_p = 180000 L/h = 0,05 m^3/s podemos despejar el diámetro,

$$D = \sqrt{\frac{4 \cdot 0,05}{1,5 \cdot \pi}} = 0,2\ m$$

De acuerdo con los diámetros comerciales de la tabla se elige $D_{prinicpal}$ = 225 mm y el diámetro interior es $D_{i\ principal}$ = 225 - 2 · 4,5 = 216 mm, por lo que la pérdida de carga es,

$$hf_{principal} = 7,78 \cdot 10^{-4} \cdot 0,05^{1,75} \cdot 0,216^{-4,75} \cdot 300 = 1,789\ m$$

c) La expresión de la potencia es

$$P = \frac{\gamma \cdot Q \cdot \Delta H}{\eta}$$

$$Q = 0,05\ m^3/s$$

$$\Delta H = (hf_{ramal} + hf_{secundaria} + hf_{principal} + hf_{singularidades}) + h_n \pm \Delta z$$

Las pérdidas en singularidades son un 15 % de las pérdidas en tuberías y el desnivel geométrico es cero ($\Delta z = 0$) por lo que la altura manométrica de la bomba debe ser,

$$\Delta H = (1,41 + 1,64 + 1,78) \cdot 1,15 + 7,02 = 12,57\, m$$

$$P = \frac{9800 \cdot 0,05 \cdot 12,57}{0,75} = 8,2\, kW$$

d) Para saber la uniformidad alcanzada con el diseño propuesto tenemos que calcular el q_{var} y para ello hay que conocer los q_{max} y q_{min}.

El $q_{min} = q_n$ por lo que $h_{min} = h_n = 7,02$ m

Para conocer el q_{max} vamos a calcular la h_{max} de la siguiente manera,

$$h_{max} = h_{min} + hf_{ramal} + hf_{terciaria} = 7,02 + 1,41 + 1,64 = 10,07\, m$$

Según la ecuación de gasto del gotero

$$q_{max} = 0,821 \cdot 10,07^{0,517} = 2,7\ L/h$$

Luego q_{var}

$$q_{var} = \frac{q_{max} - q_{min}}{q_{max}} = \frac{2,7 - 2,25}{2,7} = 0,167$$

Con este valor de q_{var} y de acuerdo con el diagrama de Wu (Anexo VIII), CU = 96 %, que es por consiguiente una muy buena uniformidad para el diseño propuesto.

31. El croquis representa el riego por goteo de una parcela plana rectangular en la que se disponen los ramales en la forma indicada, distribuidos en seis unidades que se riegan de una en una. El gotero utilizado suministra un caudal de 2 L/h a una presión de 10 m.c.a., con una separación entre goteros de 0,5 m y 2 m entre ramales. La tubería portagoteros es de PE de 16 mm de diámetro interior. La tubería terciaria es de PVC de 32 mm de diámetro interior, y la principal es también de PVC de 50 mm de diámetro interior. La longitud L_{BA} es de 500 m.

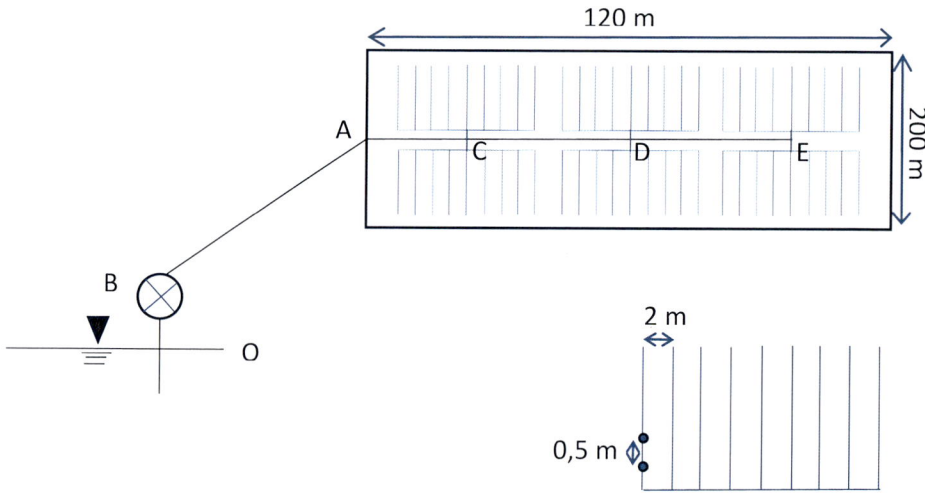

Se pide:

1) Estudiar la uniformidad de un ramal.

2) Calcular la potencia necesaria en la bomba sabiendo que $z_A = 100$ m, $z_0 = 80$ m y $\eta = 68\%$. Despreciar pérdidas en singularidades, alturas cinéticas y pérdidas en la aspiración.

3) Calcular el número de horas de funcionamiento del sistema sabiendo que se riega toda la parcela diariamente y que las necesidades en el mes de máximo consumo son 2400 m³·ha⁻¹

SOLUCIÓN:

1) Como es una parcela plana, la variación de presión a lo largo del ramal se debe exclusivamente a las pérdidas de carga.

Al ser la tubería de polietileno (PE), usamos la ecuación de Blasius (en unidades del sistema internacional):

$$h_f = 7,78 \cdot 10^{-4} \cdot Q^{1,75} \cdot D^{-4,75} \cdot L \cdot F$$

Siendo el factor de Christiansen (F):

$$F = \frac{1}{m+1} = \frac{1}{1,75+1} = \frac{1}{2,75}$$

El caudal del ramal será:

$$Q_r = n_g \cdot q_g = \frac{100}{0,5} \cdot 2 = 400 \, \frac{l}{h} = 1,11 \cdot 10^{-4} \, \frac{m^3}{s}$$

El diámetro D_r = 0,016m y la longitud L_r = 100 m

Luego:

$$hf_r = 7,78 \cdot 10^{-4} \cdot (1,11 \cdot 10^{-3})^{1,75} \cdot 0,016^{-4,75} \cdot 100 \cdot \frac{1}{2,75} = 1,15 m$$

La velocidad se obtiene de la ecuación de continuidad:

$$U = \frac{Q}{\frac{\pi \cdot D^2}{4}} = \frac{1,11 \cdot 10^{-4}}{\frac{\pi \cdot 0,016^2}{4}} = 0,55 \, \frac{m}{s}$$

Y el número de Reynolds:

$$\mathbb{R} = \frac{U \cdot D}{\vartheta} = \frac{0,55 \cdot 0,016}{10^{-6}} = 8800$$

Luego puede considerarse que estamos en un régimen situado entre el laminar y el turbulento, y se considera que hay uniformidad superior al 90% si:

$$10\% \, h_g < \Delta h_r < 20\% \, h_g$$

En este caso

$$\Delta h_r = hf_r = 1{,}15m$$

$$h_g = 10 \, m$$

$$\Rightarrow 1 < 1{,}15 < 2$$

Luego podemos aceptar que el CU es superior al 90%.

2) La longitud de la tubería terciaría será:

$$L_{ter} = \frac{120}{3} = 40m$$

Y el número de ramales por unidad:

$$\frac{40}{S_r} = \frac{40}{2} = 20$$

El caudal correspondiente a una unidad:

$$Q_{BE} = 20 \cdot 1{,}11 \cdot 10^{-4} \, \frac{m^3}{s}$$

Y el caudal de la terciaria:

$$Q_t = 10 \cdot 1{,}11 \cdot 10^{-4} \, \frac{m^3}{s}$$

ya que la tubería terciaria es abastecida por el centro desde la tubería principal de modo que el caudal total de la unidad se divide en dos y cada tramo de la tubería solo lleva el caudal de 10 ramales. Al ser PVC, se usa Blasius para estimar las pérdidas de carga:

$$hf_{BE} = 7{,}78 \cdot 10^{-4} \cdot (20 \cdot 1{,}11 \cdot 10^{-4})^{1{,}75} \cdot 0{,}05^{-4{,}75} \cdot 600 = 16{,}02m$$

ya que

$$L_{BE} = L_{BA} + L_{AE} = 500 + 100 = 600 \ m$$

$$hf_t = \frac{1}{2{,}75} \cdot 7{,}78 \cdot 10^{-4} \cdot (10 \cdot 1{,}11 \cdot 10^{-4})^{1{,}75} \cdot 0{,}032^{-4{,}75} \cdot 19 = 0{,}46 \ m$$

dado que

$$L_t = 10 \cdot 2 - 1 = 19 \ m$$

En este caso, como el número de ramales es pequeño, sería más correcto calcular F usando la ecuación completa de Christiansen:

$$F = \frac{1}{m+1} + \frac{1}{2 \cdot N} + \frac{(m-1)^{\frac{1}{2}}}{6 \cdot N^2}$$

considerado m = 1,75 y N = 10, se obtiene:

$$F = 0{,}415 \Rightarrow hf_t = 0{,}53 \ m$$

Despreciando las pérdidas en singularidades, la altura manométrica será:

$$\Delta H = \sum h_f + \frac{p}{\gamma} + \Delta z = ((6{,}02 + 0{,}53 + 1{,}15) + 10 + 20) = 47{,}7 \ m$$

Por tanto, la potencia de la bomba:

$$P = \frac{\gamma \cdot Q \cdot \Delta H}{\eta} = \frac{9{,}8 \cdot 10^3 \cdot 20 \cdot 1{,}11 \cdot 10^{-4} \cdot 47{,}7}{0{,}68} = 1526{,}12 \ W = 1{,}526 \ kW = 2{,}07CV$$

3) Se pueden transformar las necesidades en el mes de máximo consumo en la dosis diaria que, en caso de que se riegue todos los días, sería:

$$2400 \, \frac{m^3}{ha \cdot mes} \cdot \frac{1 mes}{30 \, dias} \cdot \frac{1 ha}{10^4 m^2} \cdot \frac{10^3 L}{1 m^3} = 8 \, \frac{L}{m^2 \cdot dia}$$

Teniendo en cuenta que la superficie que riega un gotero es:

$$S_g \cdot S_r = 0,5 \cdot 2 = 1 \, m^2$$

El caudal aplicado por unidad de superficie regada sería:

$$\frac{q_g}{S_g \cdot S_r} = \frac{2 \, \frac{L}{h}}{1 \, m^2} = 2 \, \frac{L}{m^2 \cdot h}$$

Por tanto, el tiempo que tarda un gotero en aplicar la dosis diaria sería:

$$t_r = \frac{8 \frac{L}{m^2 \cdot día}}{2 \frac{L}{m^2 \cdot h}} = 4 \, \frac{h}{día}$$

Como hay seis unidades que se riegan consecutivamente cada día, el tiempo que debe funcionar el sistema sería:

$$6 \cdot 4 = 24 \, \frac{h}{parcela}$$

32. El croquis adjunto representa una finca rectangular de dimensiones 288x120 m donde se piensan cultivar hortalizas cuyas necesidades de agua se han evaluado en 1.800 m^3/ (ha y mes). El sistema de riego elegido es el de goteo, habiéndose dividido el terreno en seis subunidades y diseñado el sistema en la forma indicada. La distancia entre goteros es de 1,5 m y entre laterales de 2 m. El caudal de cada gotero es de 6 L/h y su altura de presión de trabajo de 15 m. Al objeto de aplicar riegos cortos y frecuentes, se regará diariamente todas las subunidades de modo que cada dos rieguen simultáneamente. La captación de agua se hace de un pozo cuyo nivel está 30 m por debajo de la superficie del suelo, utilizándose un grupo motobomba sumergido y una tubería de impulsión de acero.

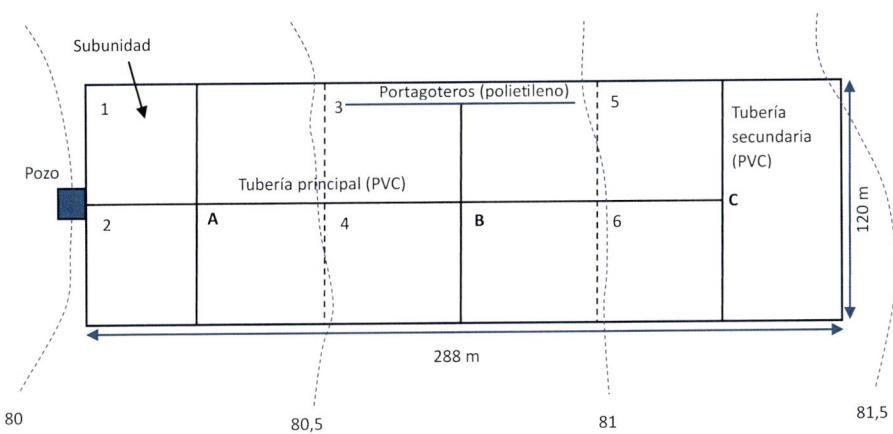

Se pide:

a) Número de horas diarias de funcionamiento del sistema.

b) Cálculo de los diámetros de las tuberías principal, secundarias y portagoteros, justificando la selección de la fórmula adoptada.

c) Potencia del grupo supuesto que su rendimiento es del 70%.

d) Línea piezométrica de la tubería principal

e) ¿Cómo controlarían las diferencias de presión debidas a la distancia entre las subunidades y el grupo?

f) Estudio de la uniformidad en cada subunidad.

NOTAS:

- Las pérdidas en singularidades se supone que representan un 20% de las de las tuberías.
- La velocidad máxima admisible en la tubería principal es de 1,5 m/s y en la portagoteros secundaria de 1 m/s.
- Los diámetros interiores normalizados son:
- PVC y acero: 63 - 75 - 90 mm
- Polietileno: 10 - 12 - 16 mm

SOLUCIÓN:

a) Las necesidades mensuales serán:

$$N_m = \frac{q_g \cdot t_r}{s_g \cdot s_r}$$

$$1800 \, \frac{m^3}{ha \cdot mes} = \frac{6 \cdot 10^{-3} \, \frac{m^3}{h} \cdot 30 \cdot n \, \frac{h}{mes}}{1,5 \cdot 2 \, m^2} \cdot \frac{10000 \, m^2}{ha} \Rightarrow n = 3 \, \frac{h}{dia}$$

que permite regar dos unidades simultáneamente.

Como hay 3 grupos de dos subunidades cada uno, el número de horas diarias de funcionamiento del sistema:

$$3 \cdot 3 = 9 \, \frac{h}{dia}$$

b)

$$L_r = \frac{288}{6} = 48\ m\ ;\ \frac{N^0\ goteros}{ramal} = \frac{48}{1,5} = 32$$

$$L_s = \frac{120}{2} = 60\ m\ ;\ \frac{N^0\ ramales}{A\ cada\ lado\ de\ la\ secundaria} = \frac{60}{2} = 30$$

Tubería principal

Al regarse simultáneamente dos subunidades:

$$Q_p = (6 \cdot 32 \cdot 30 \cdot 2) \cdot 2 = 23040\ \frac{L}{h} = 6,4 \cdot 10^{-3}\ \frac{m^3}{s}$$

$$L_p = \frac{5}{6} \cdot 288 = 240\ m$$

Suponiendo una velocidad de 1,5 m/s, usando la ecuación de continuidad se obtiene un diámetro de 0,074 m, por lo que se adopta un D_p = 75 mm.

Tubería secundaria

$$Q_S = \frac{Q_p}{2} = \frac{23040}{2} = 11520\ \frac{L}{h} = 3,2 \cdot 10^{-3}\ \frac{m^3}{s}$$

La tubería secundaria es una portarramales, por lo que este caudal solo circula al principio de la tubería y el criterio de velocidad no es el adecuado para el diseño, sino que el criterio de diseño sería tener unas pérdidas bajas con diámetros lo más pequeños posibles para reducir costes. Luego, no se tiene en cuenta la nota del enunciado sobre la velocidad máxima admisible.

En este caso, de los diámetros facilitados para PVC, solo hay uno inferior al elegido para la tubería principal. Se elige ese, D_s = 63 mm, y, posteriormente, se comprobarán las pérdidas,

Ramal

$$Q_r = 32 \cdot 6 = 192 \, \frac{L}{h} = 5{,}33 \cdot 10^{-5} \, \frac{m^3}{s}$$

Usando el mismo criterio que en las tuberías secundarias, se elige el menor diámetro de PE, D_r = 10 mm, y después se verificarán las pérdidas.

c) Para el cálculo de las pérdidas de carga se usará la ecuación de Blasius para las tuberías de PVC y PE:

$$h_f = 4{,}65 \cdot 10^{-1} \cdot Q^{1{,}75} \cdot D^{-4{,}75} \cdot L$$

Afectada por el factor F en tuberías portaramales y ramales:

$$F = \frac{1}{m+1} = \frac{1}{2{,}75}$$

La bomba se debe diseñar para transportar y elevar el agua hasta el punto más desfavorable.

Considerado que las subunidades se riegan en grupos de dos: 1-2; 3-4; 5-6, el caso más desfavorable es cuando se riega las subunidades 5-6, dado que están más elevadas y alejadas.

Las pérdidas de carga en las tuberías primaria, secundaria y ramales serán:

$$hf_r = \frac{1}{2{,}75} \cdot 4{,}65 \cdot 10^{-1} \cdot 192^{1{,}75} \cdot 10^{-4{,}75} \cdot 48 = 1{,}43 \, m$$

$$hf_s = \frac{1}{2{,}75} \cdot 4{,}65 \cdot 10^{-1} \cdot 11520^{1{,}75} \cdot 63^{-4{,}75} \cdot 60 = 0{,}37 \, m$$

(ambos valores se consideran aceptables)

$$hf_p = 4{,}65 \cdot 10^{-1} \cdot 23040^{1{,}75} \cdot 75^{-4{,}75} \cdot 240 = 5{,}96 \, m$$

Para la tubería de impulsión se supone que C=120 y usaremos la ecuación de Hazen-Williams para el cálculo de las pérdidas de carga (en el Sistema Internacional):

$$hf_i = \left(\frac{Q}{0,85 \cdot C \cdot \omega \cdot R^{0,63}}\right)^{\frac{1}{0,54}} \cdot L$$

donde R es el radio hidráulico, igual a D/4 en tuberías circulares.

$$hf_i = \left(\frac{6,4 \cdot 10^{-3}}{0,85 \cdot 120 \cdot \frac{\pi \cdot 0,075^2}{4} \cdot \left(\frac{0,075}{4}\right)^{0,63}}\right)^{\frac{1}{0,54}} \cdot 30 = 1,18 \text{ m}$$

La altura manométrica, considerado un 20% de pérdidas en singularidades será:

$$\Delta H = 1,2 \cdot \sum hf_{tub} + \frac{P}{\gamma} + \Delta z$$

$$\Delta z = 30 + (81,5 - 80) = 31,5 m \; ; \; \frac{P}{\gamma} = h_g = 15 \, m$$

$$\Delta H = (1,18 + 5,96 + 0,37 + 1,43) \cdot 1,2 + 15 + 31,5 = 57,23 \, m$$

Por tanto, la potencia de la bomba:

$$P = \frac{9,8 \cdot 10^3 \cdot (6,4 \cdot 10^{-3}) \cdot 57,23}{0,7} = 5127,81 \, W = 5,128 \, kW = 6,97 \, CV$$

d)
$$h_A = h_{pozo} + \Delta H - hf_{pozo \, A}$$

Con:

$$h_{pozo} = 80 - 30 = 50 \, m$$

$$hf_{pozo-A} = \left(hf_i + \frac{hf_p}{5}\right) \cdot 1,2 = \left(1,18 + \frac{5,96}{5}\right) \cdot 1,2 = 2,84 \ m$$

Luego:

$$h_A = 50 + 57,23 - 2,84 = 104,39m \Rightarrow \frac{P_A}{\gamma} = 104,39 - 80,35 = 24,14 \ m$$

$$h_B = h_A - hf_{A-B} \ ; \ hf_{A-B} = \left(\frac{2}{5} \cdot 5,96\right) \cdot 1,2 = 2,86 \ m$$

$$h_B = 104,39 - 2,86 = 101,53m \ ; \ \frac{p_B}{\gamma} = 101,53 - 80,75 = 20,78 \ m$$

$$h_c = h_B - hf_{B-C} \ ; \ hf_{B-C} = hf_{A-B} = 2,86 \ m$$

$$h_c = 101,53 - 2,86 = 98,67 \ m \ ; \ \frac{p_c}{\gamma} = 98,67 - 81,27 = 17,42 \ m$$

e) Con reguladores de presión.

f) La diferencia de altura de presión en cada subunidad entre el gotero más favorable y el más desfavorable es:

$$\Delta\left(\frac{p}{\gamma}\right) = 17,42 - 15 = 2,42 \ \text{m}$$

Porque, aunque hay ramales descendentes, la cota que baja, *Δz = 0,25 m*, es inferior a *ΔH = hf = 1,43* m, es decir:

$$X = \frac{\Delta z}{\Delta H} = \frac{0,25}{1,43} = 0,175 < 1$$

y la altura de presión no se recupera. La máxima estaría en cabecera (17,42 m) y la mínima en el gotero que aplica el caudal nominal (15 m).

Para dicha altura de servicio de 15 m, el 10 % sería 1,5 m y el 20 % sería 3 m.

Luego:

$$10\% \cdot \left(\frac{p}{\gamma}\right)_{serv} < 2{,}42 < 20\% \cdot \left(\frac{p}{\gamma}\right)_{serv}$$

lo que se considera aceptable.

33. Se pretende transformar en riego un campo llano de 500x400 m². Ello implica una perforación de 60 m de profundidad, mediante la cual se podrá disponer de 12 L·s⁻¹ de forma continua. El gasto alumbrado se almacenará en un depósito, desde donde será utilizado discrecionalmente.

Una alternativa de cultivos variada aconseja estudiar varios sistemas de riego. El campo, a este respecto, será dividido en tres tablares: el primero con riego por aspersión semifijo, el segundo con riego por goteo y el tercero con riego por superficie.

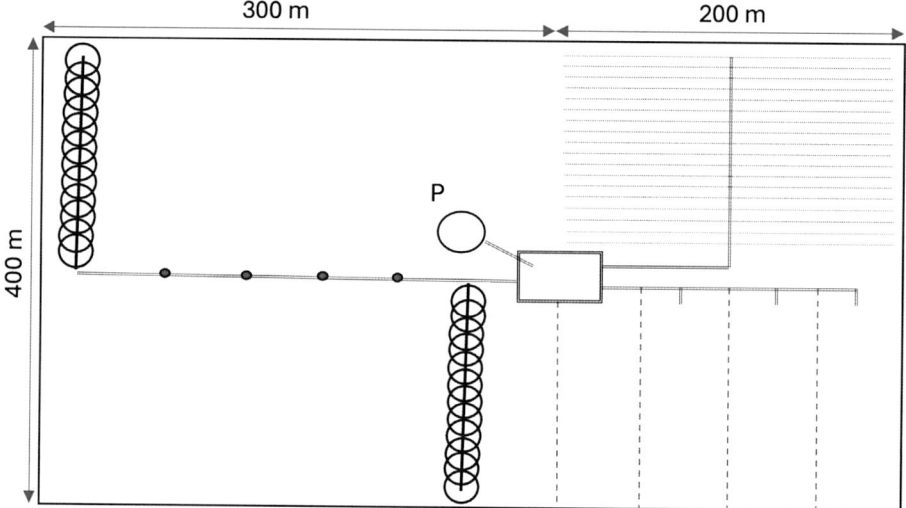

Se pide:

    a)   Necesidades medias diarias del cultivo que podemos satisfacer.

    b)   Diámetro de la tubería de impulsión y potencia de la bomba sumergida.

    c)   Considérese en el riego por aspersión un marco 18x18 m² y que el aspersor elegido tiene un gasto de 1800 L·h⁻¹ a una presión de 30 m. Determinar el diámetro del ramal y el de la tubería principal, así como las diferencias de gasto esperables entre aspersores extremos.

    d)   Para el riego por goteo se utilizará tubería de polietileno de 12 mm con goteros integrados de 2,5 L·h⁻¹, cada 60 cm, autocompensantes entre un rango de presiones comprendido entre las 0,8 y 3,5 atm. La separación entre ramales es de 1,5 m. Determinar el diámetro mínimo de la tubería terciaria.

e) Para el riego por superficie se supondrá una infiltración aproximada a la de la familia $I_F = 0,8$ y un coeficiente de aspereza de Manning n = 0,15. Determinar el módulo a introducir en cada cantero, a manta o por surcos (a elegir), para que el rendimiento sin déficit para láminas de 50 mm sea superior a 0,7.

NOTA: Supónganse los datos necesarios no aportados.

SOLUCIÓN:

a) Las necesidades medias diarias de toda la parcela se obtendrán dividiendo el volumen bombeado en un día por la superficie.

$$Volumen\ bombeado\ en\ un\ día = q_p \cdot 3600\ \frac{s}{h} \cdot 24\ \frac{h}{dia} = 12\ \frac{L}{S} \cdot 86400\ \frac{s}{dia} = 1036800\ L$$

$$Necesidades\ medias\ diarias = \frac{1036800\ L}{500 \cdot 400\ m^2} = 5,184\ \frac{L}{m^2 \cdot dia} = 5,184\ \frac{mm}{dia}$$

b) Para obtener el diámetro de la tubería de impulsión, se va a suponer que el agua circula con una velocidad de 1,5 m/s. En ese caso:

$$D = \sqrt{\frac{4 \cdot q_p}{\pi \cdot U}} = \sqrt{\frac{4 \cdot 0,012\ \frac{m^3}{s}}{\pi \cdot 1,5\ \frac{m}{s}}} = 0,1m = 100mm$$

La potencia se obtendrá a partir de:

$$P = \frac{\gamma \cdot Q \cdot \Delta H}{\eta}$$

Con:

$\Delta H = \Delta z + hf$, siendo $\Delta z = 60$ m y hf se calcula, suponiendo que la tubería es de PVC, usando Blasius:

$$hf = 7{,}78 \cdot 10^{-4} \cdot Q^{1{,}75} \cdot D^{-4{,}75} \cdot L = 7{,}78 \cdot 10^{-4} \cdot 0{,}012^{1{,}75} \cdot 0{,}1^{-4{,}75} \cdot 60 = 1{,}14 \, m$$

luego $\Delta H = 60 + 1{,}14 = 61{,}14$ m

y adoptando $\eta = 0{,}7$, resulta:

$$P = \frac{9800 \, \frac{N}{m^3} \cdot 0{,}012 \, \frac{m^3}{s} \cdot 61{,}14 \, m}{0{,}7} = 10272 \, W = 10{,}27 \, kW = 13{,}96 \, CV$$

c) Dado que la longitud de un ramal es $L_r = 200$ m, el número de aspersores por ramal es:

$$N_a = \frac{200}{18} = 11 \, \frac{aspersores}{ramal}$$

La variación de presión máxima admisible entre los dos aspersores extremos será:

$$\Delta \left(\frac{p}{\gamma}\right)_{max} = 20\% \cdot 30 = 6m$$

Que será igual a la pérdida de carga en el ramal supuesto que está tendido sobre terreno horizontal:

$$hf_r = \Delta \left(\frac{p}{\gamma}\right)_{Max} = 6m$$

Supuesto que los ramales son de aluminio, se aplica la ecuación de Scobey para el cálculo de las pérdidas de carga en el ramal con Ks = 0,4:

$$hf_r = 1{,}64 \cdot 10^{-3} \cdot Q_r^{1{,}9} \cdot D_r^{-4{,}9} \cdot L_r \cdot F$$

siendo:

$$F = \frac{1}{m+1} + \frac{1}{2 \cdot N} + \frac{(m-1)^{1/2}}{6 \cdot N^2} = \frac{1}{2,9} + \frac{1}{2 \cdot 11} + \frac{0,9^{1/2}}{6 \cdot 11^2} = 0,392$$

$$Q_r = N_a \cdot q_a = 11 \cdot 1800 = 19800 \, \frac{L}{h} = 5,5 \, \frac{L}{s} = 5,5 \cdot 10^{-3} \, \frac{m^3}{s}$$

$$hf_r = 6m$$

$$L_r = 200m$$

Luego:

$$6 = 1,64 \cdot 10^{-3} \cdot (5,5 \cdot 10^{-3})^{1,9} \cdot D_r^{-4,9} \cdot 200$$

de donde:

$$D_r = 0,0607m = 2,5''(\text{pulgadas})$$

Se desconoce a cuantos ramales abastece simultáneamente la tubería principal por lo que solo es posible determinar su diámetro si solo abastece a un solo ramal, ya que entonces tendría igual diámetro que el ramal: $D_p = D_r = 2,5''$, aunque al no ser una tubería con distribución en ruta, como el ramal, la velocidad resulta algo elevada (1,9 m/s). Sería conveniente aumentar el diámetro para reducirla. Así, si $D_p = 3'' = 0,0762$ m, la velocidad resultante es $u_p = 1,2$ m/s, más recomendable.

En el caso de que por parte de la tubería principal circulara el caudal de dos ramales: $Q_p = 2 \cdot 5,5 \cdot 10^3$ m³/s, se podría estimar su diámetro suponiendo que circula con una velocidad de 1 m/s:

$$D_p = \sqrt{\frac{4 \cdot 2 \cdot q_r}{\pi \cdot U}} = \sqrt{\frac{4 \cdot 2 \cdot 5,5 \cdot 10^{-3} \frac{m}{s}}{\pi \cdot 1 \frac{m}{s}}} = 0,118 \, m = 118 \, mm$$

En resumen:

- Diámetro del tramo de la tubería principal, por donde circula agua para un único ramal:

$$D_p' = 0{,}0607m$$

- Diámetro del tramo de la tubería principal por donde, en su caso, circula agua para dos ramales:

$$D_p'' = 0{,}118\ m$$

La diferencia de caudal entre aspersores extremos debe ser del 10%, ya que hemos considerado una diferencia de presión del 20% que equivale a esa variación de caudal, puesto que estamos en régimen turbulento.

d) Como la parcela es llana, el gotero con presión máxima (35 m) será el primer gotero del primer ramal, y el gotero con presión mínima (8 m) estará, en el supuesto más desfavorable, en el último gotero del último ramal.

Bajo este supuesto:

$$\left(\Delta \frac{p}{\gamma}\right)_{Máxima} = 35 - 8 = 27m$$

que se deben disipar a lo largo del ramal de goteo y de la tubería terciaria:

$$27 = hf_r + hf_t$$

El número de goteros por ramal es:

$$\frac{L_r}{S_g} = \frac{100}{0{,}6} = 166\ goteros$$

El caudal que circula por el ramal será:

$$q_r = 166 \cdot q_g = 166 \cdot 2{,}5 \, \frac{L}{h} = 415 \, \frac{L}{h}$$

El diámetro del ramal es D_r = 12mm.

Aplicando Blasius (tubería de PE) con q en L/h y D en mm:

$$hf_r = \frac{1}{2{,}75} \cdot 4{,}65 \cdot 10^{-1} \cdot 415^{1.75} \cdot 12^{-4{,}75} \cdot 100 = 4{,}83m$$

Luego:

$$hf_t = 27 - hf_r = 27 - 4{,}83 = 22{,}17m$$

que sería la pérdida de carga máxima en la tubería terciaria con la que se obtendría su diámetro mínimo:

$$hf_{t \, \text{Máx}} = \frac{1}{2{,}75} \cdot 4{,}65 \cdot 10^{-1} \cdot \left(415 \cdot \frac{200}{1{,}5}\right)^{1{,}75} . D_t^{-4{,}75} \cdot 200 = 22{,}17 \, m$$

siendo el número de ramales:

$$\frac{200}{1{,}5} = 133 \, ramales$$

de donde

$$(D_t)_{\min} = 61{,}1 \, mm = 0{,}0611 \, m$$

e) Se va a resolver este apartado para el caso de los canteros a manta.

De la tabla que nos da los parámetros de las familias de infiltración del Servicio de Conservación de Suelos de EE.UU. (Anexo IB) y dado que en este caso IF = 0,8, obtenemos:

$$K = 0{,}0614$$

$$A = 0{,}773$$

$$C = 0{,}275$$

Valores que referidos al S.I. se transforman en:

$$k = 2{,}54 \cdot 10^{-2} \cdot K \cdot 60^{-a} = 6{,}58 \cdot 10^{-5}$$

$$a = A = 0{,}773$$

$$c = 6{,}985 \cdot 10^{-3}$$

$$i_a = k \cdot t_c^a + c \Rightarrow i_a = 6{,}58 \cdot 10^{-5} \cdot t_c^{0{,}773} + 6{,}985 \cdot 10^{-3} \qquad (33\text{-}1)$$

Dando valores en la ecuación anterior a i_a, se obtienen los correspondientes valores de t_c que servirán para ajustar la ecuación de Kostiakov:

-   Para i_a = 0,05 = H $\rightarrow$ t_c = 4387s

-   Para i_a = 0,10 = H $\rightarrow$ t_c = 11397,5s

Seguin Kostiakov:

$$i_a = K \cdot t_c^a$$

Sustituyendo con los valores anteriores:

$$0{,}05 = K \cdot 4387^a$$

$$0{,}10 = K \cdot 11397{,}5^a$$

Resolviendo este sistema de ecuaciones resulta:

$$a = 0,7$$

$$K = 1,41 \cdot 10^{-4}$$

Luego el tiempo de contacto en el extremo será:

$$t_{cm} = \left(\frac{H_r}{K}\right)^{\frac{1}{a}} = \left(\frac{0,05}{1,41 \cdot 10^{-4}}\right)^{\frac{1}{0,7}} = 4390s \approx 1,22h$$

Con H_r = H_a = 50 mm = 0,05 m

Los parámetros característicos se calculan como:

$$X = t_{cn}^{2/3} \cdot H_n^{7/9} \cdot n^{-2/3} = 4390^{2/3} \cdot 0,05^{7/9} \cdot 0,15^{-2/3} = 92,4m$$

$$Q = X \cdot H_n \cdot t_{cn}^{-1} = 92,4 \cdot 0,05 \cdot 4390^{-1} = 1,05 \cdot 10^{-3} \frac{m^3}{s \cdot m}$$

$$L^* = \frac{L}{X} = \frac{200\, m}{92,4\, m} = 2,16$$

Valor que llevado a la figura del anexo II para a=0,7, no nos proporciona un resultado posible para DU=0,7, es decir, el cantero tiene una longitud excesiva que habría que reducir.
En la misma gráfica, sobre la curva límite para ese valor de uniformidad se obtendría:

$$L^* = \lceil 1,2$$

$$q_0^* = 2$$

Esto implica por un lado que:

$$q_0^* = \frac{q_0}{Q} \Rightarrow q_0 = 2 \cdot 1{,}05 \cdot 10^{-3} = 2{,}1 \cdot 10^{-3} \frac{m^3}{s \cdot m}$$

$$\Rightarrow Q_{cantero} = B \cdot q_0 = 50 \, m \cdot 2{,}1 \cdot 10^{-3} \frac{m^3}{s \cdot m} = 0{,}105 \frac{m^3}{s}$$

Y por otro lado,

$$L^* = \frac{L}{x} \Rightarrow L = 92{,}4 \cdot 1{,}2 = 110{,}88 \, m$$

Por lo que sería conveniente dividir los canteros por la mitad, cada uno con una longitud de 100 m.

En este caso:

$$L^* = \frac{100}{92{,}4} = 1{,}08$$

En la curva DU = 0,7, se corresponde con un valor de $q_0^* = 1{,}75$, luego:

$$1{,}75 = \frac{q_0}{Q} \Rightarrow q_0 = 1{,}75 \cdot 1{,}05 \cdot 10^{-3} = 1{,}84 \cdot 10^{-3} \frac{m^3}{s \cdot m}$$

de donde:

$$Q_{cantero} = B \cdot q_0 = 50 \, m \cdot 1{,}84 \cdot 10^{-3} \frac{m^3}{s \cdot m} = 0{,}092 \frac{m^3}{s}$$

6. SALINIDAD Y DRENAJE

34. La evapotranspiración media (ET) para un cultivo de cebada durante un periodo de crecimiento de 120 días es de 72 cm. La frecuencia de riego es de 9 días y el tiempo de riego es de 7 horas. Conociendo que el suelo tiene una velocidad de infiltración de 1,03 cm/h y que se puede tolerar una disminución de la producción del 25%, se pide:

1. Calcular la fracción de lavado (FL)

2. Calcular el valor máximo de la conductividad hidráulica del agua de riego (CE_{iw})

SOLUCIÓN:

1. La fracción de lavado (FL) viene dada por:

$$FL = \frac{H_d}{H_r} = \frac{CE_r}{CE_d}$$

donde:

H_d = altura de agua drenada
H_r = altura de agua aplicada mediante el riego
CE_r = conductividad eléctrica del agua de riego
CE_d = Conductividad eléctrica del agua de drenaje.

$$H_r = v_i \cdot t_r = 1{,}03 \ \frac{cm}{h} \cdot 7 \ \frac{h}{riego} = 7{,}21 \ \frac{cm}{riego}$$

donde:

v_i = velocidad de infiltración
t_i = tiempo de riego

Por tanto,

$$H_d = H_r - ET_{riego}$$

Donde

ET_{riego} = evapotranspiración ocurrida entre dos riegos consecutivos.

Considerado que

$$ET_{diaria} = \frac{ET_{media}}{periodo\ de\ crecimiento\ del\ cultivo} = \frac{72\ cm}{120\ dias} = 0{,}6\ \frac{cm}{dia}$$

luego:

$$ET_{riego} = ET_{diaria} \cdot frecuencia = 0{,}6\ \frac{cm}{dia} \cdot 9\ \frac{dias}{riego} = 5{,}4\ \frac{cm}{riego}$$

y

$$H_d = 7{,}21\ \frac{cm}{riego} - 5{,}4\ \frac{cm}{riego} = 1{,}81\ \frac{cm}{riego}$$

Resultando:

$$FL = \frac{H_d}{H_r} = \frac{1{,}81}{7{,}21} = 0{,}25$$

2. Como se ha escrito anteriormente, la fracción de lavado representa la relación entre las conductividades eléctricas.

En el punto límite:

$$FL = \frac{CE_{ir}}{CE_d}$$

donde:

CE_{ir} = conductividad eléctrica máxima permisible del agua de riego
CE_d = CE_e = conductividad eléctrica del extracto de saturación del suelo, aceptando que al final de la zona explorada por las raíces ambas coinciden.

Este valor varía en función de la reducción de producción aceptada para el cultivo del que se trate. En este caso, para el cultivo de cebada y una reducción de la producción del 25%, de la figura 34-1 se obtiene:

$$CE_e = 13 \ \frac{mmhos}{cm}$$

Luego:

$$CE_{ir} = FL \cdot CE_e = 0,25 \cdot 13 = 3,25 \ \frac{mmhos}{cm}$$

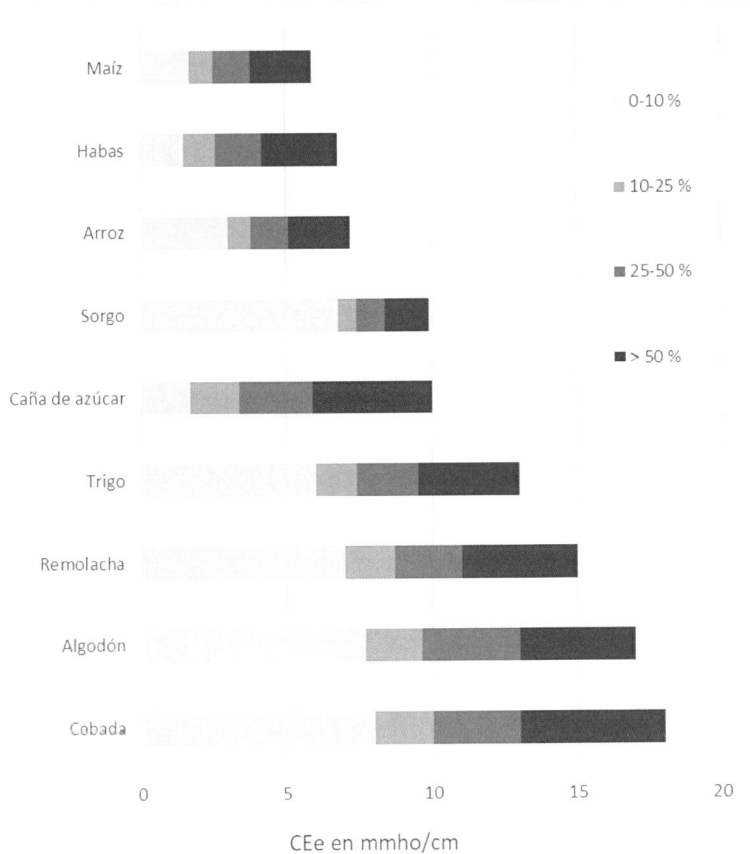

Figura 34-1. Tolerancia a las sales y reducción potencial de la productividad de cultivos extensivos

35. Para el drenaje de una zona regable se van a utilizar drenes de tubería de diámetro 0,2 m que se colocan a una profundidad de 1,8 m bajo la superficie del suelo. A 6,8 m de esta existe un estrato de suelo impermeable. Sobre esta capa, la conductividad hidráulica se ha estimado en 0,8 m·día⁻¹.

Sabiendo que se da un riego cada 20 días y que las pérdidas de riego suman 40 mm en dichos 20 días, se acepta que la descarga media del sistema de drenaje es de 2 mm·día⁻¹. Calcular, en estas condiciones, el espaciamiento necesario entre drenes para mantener la capa freática a una profundidad de 1,20 m bajo la superficie del terreno.

SOLUCIÓN:

Aunque se trata de drenar el exceso de agua de riego, como estas pérdidas no se producen instantáneamente, sino que están uniformemente distribuidas en todo el periodo entre riegos, se puede aceptar el régimen permanente. La situación es la siguiente:

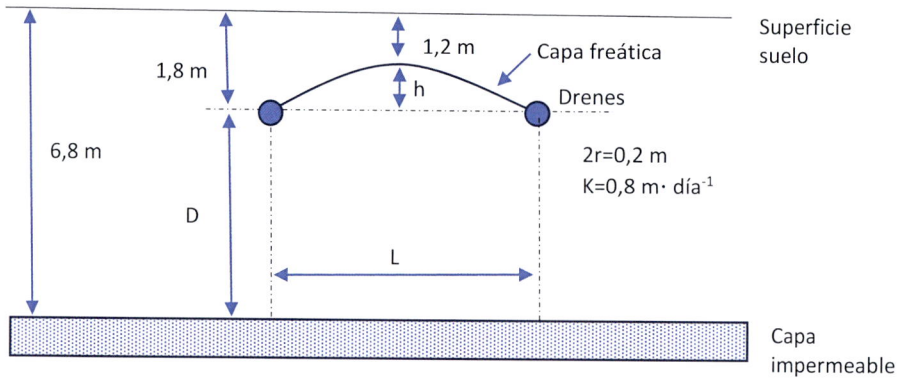

$$q = 2 \cdot 10^{-3} \frac{m}{dia}$$

$$h = 1,8 - 1,2 = 0,6m$$

$$D = 6,8 - 1,8 = 5m$$

La ecuación de Hooghoudt, para tener en cuenta el flujo radial, se puede expresar de la forma:

$$L^2 = \frac{8 \cdot K_2 \cdot d \cdot h + 4 \cdot K_1 \cdot h^2}{q} \qquad (35\text{-}1)$$

donde:

d= profundidad equivalente, sustituye a D.

L = espaciamiento entre drenes.

En nuestro caso, $K_1 = K_2 = K = 0,8$ m·dia^{-1}, luego:

$$L^2 (m^2) = \frac{8 \cdot 0,8 \left(\frac{m}{dia}\right) \cdot d(m) \cdot 0,6\,(m) + 4 \cdot 0,8 \left(\frac{m}{dia}\right) \cdot 0,6^2\,(m^2)}{2 \cdot 10^{-3} \left(\frac{m}{dia}\right)}$$

que operando resulta:

$$L^2 = 1920 \cdot d + 576 \qquad (35\text{-}2)$$

Obsérvese la relativa poca importancia que tiene el flujo por encima de los drenes, que se corresponde con el segundo término de la ecuación (35-2).

Para resolver la ecuación (35-2) hay que seguir un procedimiento iterativo usando la tabla X.1 (Anexo X), donde se proporciona el valor de d en función de L, r y D.

Así, adoptado un valor L= 75 m, se obtiene de la anterior tabla d =3,49m y con esto, de la ecuación (35-2) se obtiene L = 85,30 m y así sucesivamente:

$$L = 75m \Rightarrow d = 3,49m \Rightarrow L = 85,30 \Rightarrow d = 3,61m \Rightarrow L = 86,64m \Rightarrow \cdots$$
$$\Rightarrow d = 3,627m \Rightarrow L = 86,83m$$

Y a efectos prácticos se adopta L = 87m.

Para cualquier valor de r se puede usar la siguiente ecuación:

$$d = \frac{D}{1 + \dfrac{8 \cdot D}{\pi \cdot L} \cdot \ln\left(\dfrac{D}{\pi \cdot r}\right)} \qquad (35\text{-}3)$$

Ecuación válida siempre que se cumpla la condición:

$$D < \frac{1}{4} \cdot L$$

En nuestro caso:

$$d = \frac{5}{1 + \dfrac{8 \cdot 5}{\pi \cdot L} \cdot \ln\left(\dfrac{5}{\pi \cdot 0{,}1}\right)} = \frac{5}{1 + \dfrac{35{,}23}{L}} \qquad (35\text{-}3')$$

Resolviendo también por aproximaciones sucesivas entre (35-2) y (35-3') y partiendo igualmente de L= 75m:

$$L = 75m \Rightarrow d = 3{,}40m \Rightarrow L = 84{,}29m \Rightarrow d = 3{,}53m \Rightarrow \cdots \Rightarrow d = 3{,}55m$$
$$\Rightarrow L = 85{,}98m$$

Finalmente se adopta L= 86m, solución aceptable ya que:

$$D = 5 < \frac{1}{4} \cdot 86$$

La pequeña diferencia entre ambas soluciones se debe a que la ecuación (35-3) es una aproximación.

36. En una zona regable donde se riega cada 10 días, las pérdidas debidas a un riego que percolan a la capa freática se estiman en 0,025 m, considerándose que constituyen una recarga instantánea.

Conociendo que la altura máxima de la capa freática debe situarse 1 m bajo la superficie del suelo y que los drenes se colocan 1,8 m también bajo dicha superficie, se pide calcular el espaciamiento entre drenes.

DATOS:

Porosidad eficaz: $V = 0,05$
Conductividad hidráulica: $K = 1 \ m \cdot día^{-1}$
Radio de los drenes: $r = 0,1 \ m$
Profundidad del estrato impermeable bajo la superficie del suelo: 9,5 m

SOLUCIÓN:

En este problema no es posible admitir régimen permanente ya que la recarga por pérdidas de riego se considera instantánea y la intensidad de la recarga del acuífero es, pues, variable. La situación es la siguiente:

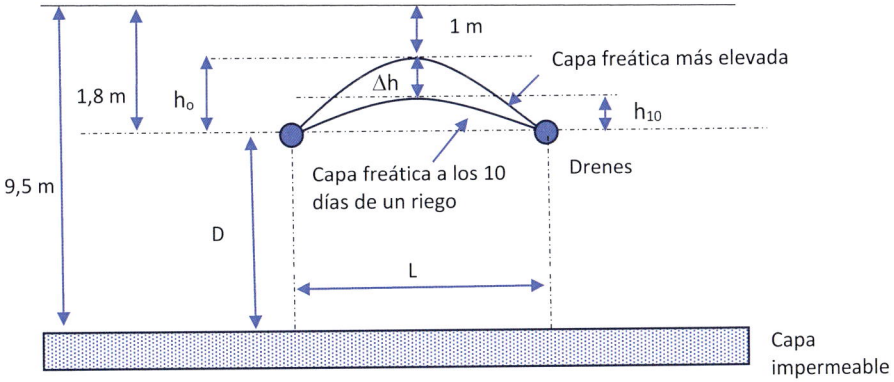

$h_o = 1,8-1,0 = 0,8 \ m$

Como la recarga instantánea de agua es de 0,025 m y la porosidad eficaz V = 0,05, esto significa que dicha recarga causa una elevación instantánea de la capa freática (CF) de:

$$\Delta h = \frac{0,025 \; m}{0,05} = 0,5 \; m$$

El nivel de agua debe descender este Δh durante los 10 días siguientes al riego para que al dar un nuevo riego la elevación de la CF no supere h_o, luego:

$$h_{10} = h_0 - \Delta h = 0,8 - 0,5 = 0,3 \; m$$

Para el cálculo del espaciamiento entre drenes, L, puede usarse la fórmula simplificada de Glover-Dumm aplicable cuando el término (t/j) no es pequeño (menor de 0,3), lo que se comprobará a posteriori:

$$\frac{h_t}{h_0} = 1,16 \cdot e^{-\frac{t}{j}} \qquad (36\text{-}1)$$

donde los valores h_t y h_o hacen referencia al punto más difícil de drenar, el central equidistante de ambos drenes, y j es el llamado coeficiente de depósito introducido por Kraijenhoff van de Leur y cuya expresión es:

$$j = \frac{V \cdot L^2}{\pi^2 \cdot K \cdot D} \qquad (36\text{-}2)$$

Análogamente a lo que sucede en la ecuación de Hooghoudt, la de Glover-Dumm no tiene en cuenta la resistencia al flujo radial hacia los drenes, esto es, la convergencia del derrame en las proximidades del dren. Para evitar este error, se sustituye el espesor del acuífero, D, por la profundidad equivalente de Hooghoudt, d, aceptando que las trayectorias de flujo en los regímenes permanente y variable son, si no idénticas, al menos similares. Luego:

$$j = \frac{V \cdot L^2}{\pi^2 \cdot K \cdot d} \qquad (36\text{-}3)$$

Sustituyendo (36-3) en (36-1) y despejando L se llega a:

$$L = \pi \cdot \left[\frac{K \cdot d \cdot t}{V}\right]^{\frac{1}{2}} \cdot \left[\ln\left(1,16 \cdot \frac{h_0}{ht}\right)\right]^{-\frac{1}{2}}$$

Sustituyendo valores con t = 10 días:

$$L = \pi \cdot \left[\frac{1\left(\frac{m}{dia}\right) \cdot d\,(m) \cdot 10\,(dias)}{0,05}\right]^{\frac{1}{2}} \cdot \left[\ln\left(1,16 \cdot \frac{0,8}{0,3}\right)\right]^{-\frac{1}{2}}$$

$$L = 41,81 \cdot \sqrt{d} \qquad (36\text{-}4)$$

Esta ecuación se puede resolver iterativamente, usando la tabla X.1 que se muestra en el anexo X ya que r = 0,1m. El valor de D sigue siendo la altura de los drenes sobre la capa impermeable, esto es D = 9,8 – 1,8 = 7,7m, igual que en régimen permanente. Así, partiendo de *L = 100m*:

$$L = 100m \Rightarrow d = 4,85m \Rightarrow L = 92,08m \Rightarrow d = 4,68m \Rightarrow \cdots \Rightarrow d = 4,64$$
$$\Rightarrow L = 90,06m$$

Se adopta L = 90 m

Para cualquier valor de r se puede usar la ecuación:

$$d = \frac{D}{1 + \dfrac{8 \cdot D}{\pi \cdot L} \cdot \ln\dfrac{D}{\pi \cdot r}} \qquad (36\text{-}5)$$

La cual es válida si D < 1/4 · L (ello no quita generalidad pues si D supera ese valor, d permanece prácticamente constante).

$$d = \frac{7,7}{1 + \dfrac{8 \cdot 7,7}{\pi \cdot L} \cdot \ln\dfrac{7,7}{\pi \cdot 0,1}} \Rightarrow d = \frac{7,7}{1 + \dfrac{62,73}{L}} \qquad (36\text{-}5')$$

Partiendo de L = 100 y usando iterativamente las ecuaciones (36-5') y (36-4):

$$L = 100\ m \Rightarrow d = 4{,}73\ m \Rightarrow L = 90{,}93\ m \Rightarrow d = 4{,}56\ m \Rightarrow \cdots \Rightarrow d = 4{,}51\ m \Rightarrow L = 88{,}80\ m$$

Se adopta L = 89 m, ligeramente inferior al valor anterior.

Cuando L = 90 m:

$$j = \frac{0{,}05 \cdot 90^2}{\pi^2 \cdot 1 \cdot 4{,}64} = 8{,}84 \Rightarrow \frac{t}{j} = \frac{10}{8{,}84} = 1{,}13$$

y al ser 1, 13 mayor que 0,3, la ecuación simplificada de Glover-Dumm es válida.

También D= 7,7 < 90/4=22,5, luego también es válida la ecuación (36-5).

ANEXO I. Familias de infiltración (IF)
del Servicio de Conservación de Suelos de EE.UU.

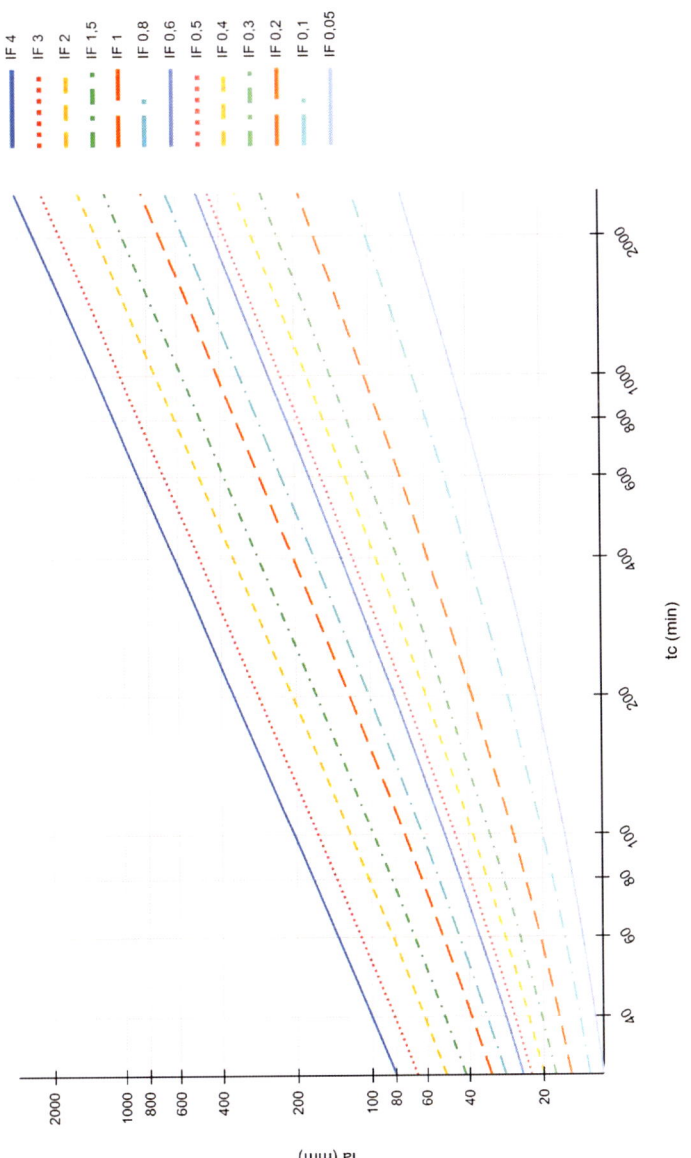

Figura I.A. Familias de infiltración (IF) del Servicio
de Conservación de Suelos de EE.UU. (J. A. Rodríguez)

I_F	K	A	C	$k \cdot 10^5$
0,05	0,0210	0,618	0,275	4,2477
0,10	0,0244	0,661	0,275	4,1387
0,20	0,0306	0,699	0,275	4,4425
0,30	0,0368	0,721	0,275	4,8824
0,40	0,0419	0,736	0,275	5,2279
0,50	0,0467	0,756	0,275	5,3687
0,60	0,0520	0,757	0,275	5,9536
0,80	0,0614	0,773	0,275	6,5859
1,00	0,0701	0,785	0,275	7,1565
1,50	0,0899	0,799	0,275	8,6666
2,00	0,1084	0,808	0,275	10,0720
3,00	0,1437	0,816	0,275	12,9217
4,00	0,1750	0,823	0,275	15,2916

Figura I.B. Parámetros en la expresión de infiltración del SCS, según familias IF (Losada A. 2005. El riego II: Fundamentos de su hidrología y su práctica. Mundi-Prensa. Madrid)

ANEXO II. Riego por inundación.

Diagramas adimensionales L*(longitud adimensional o normalizada) -q*(caudal adimensional o normalizado)

E. Camacho. Riego por superficie. Apuntes de la asignatura "Ingeniería del Riego y del Drenaje".

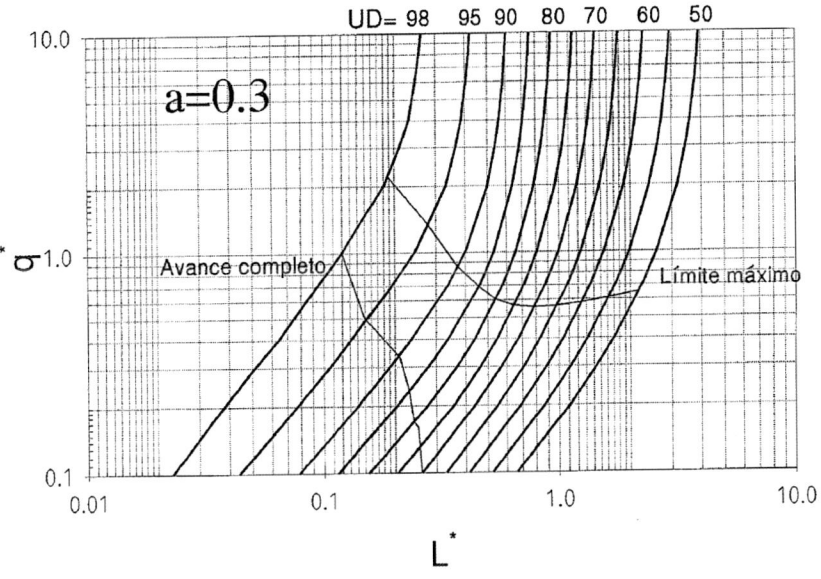

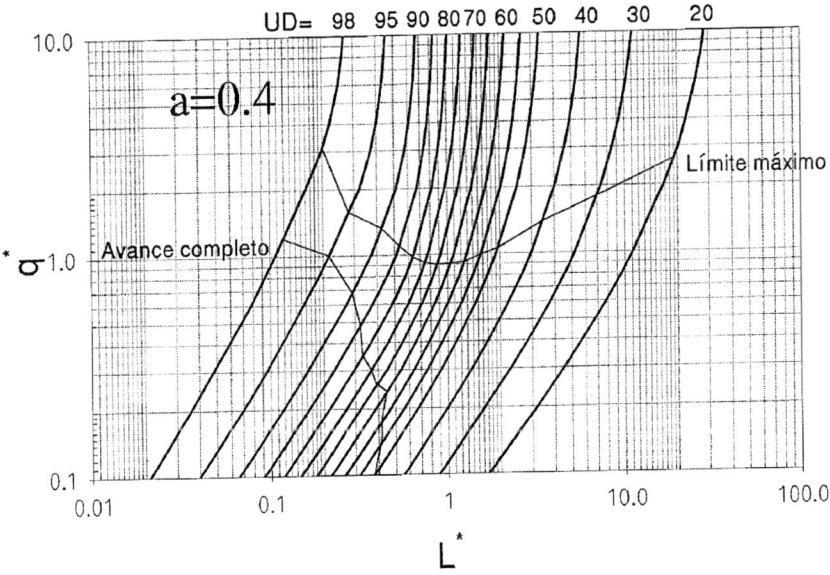

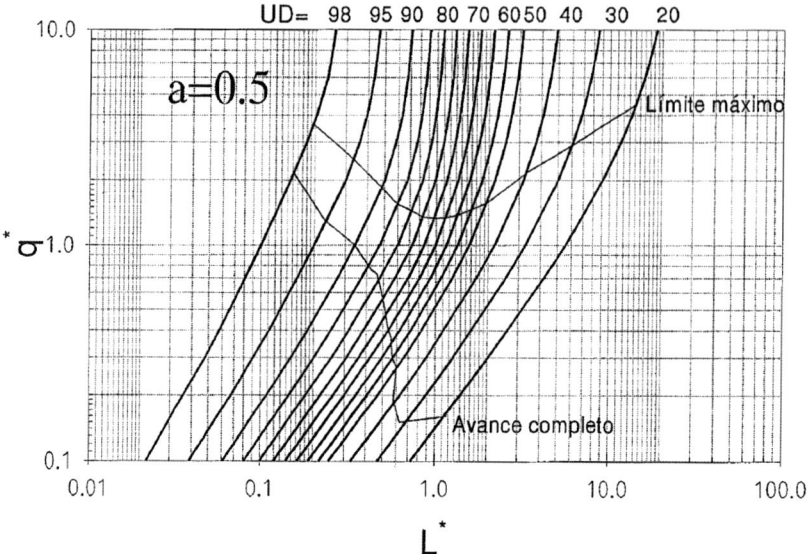

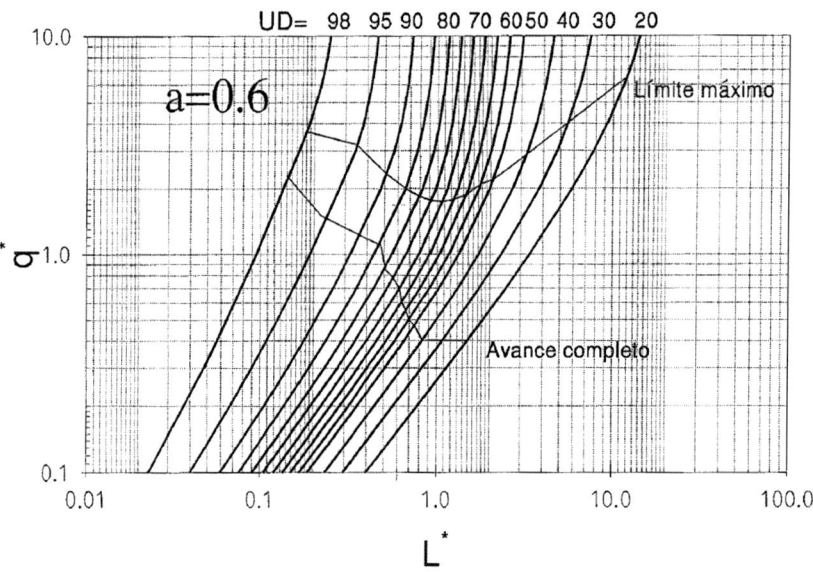

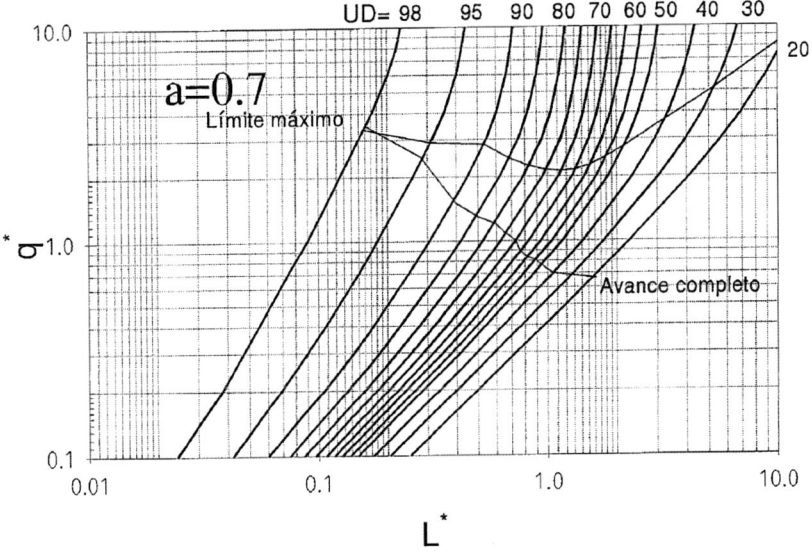

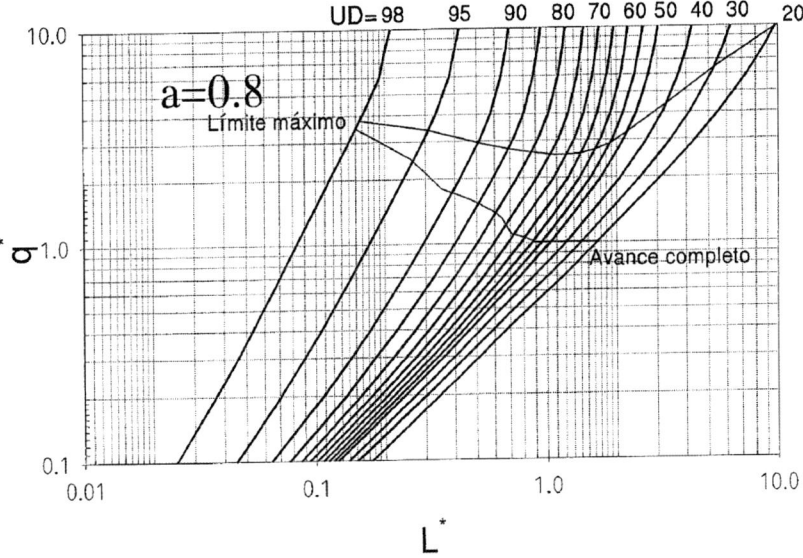

ANEXO III. Riego por inundación.

Diagramas adimensionales q*(caudal adimensional o normalizado) -ymax*(calado máximo adimensional o normalizado)

E. Camacho. Riego por superficie. Apuntes de la asignatura "Ingeniería del Riego y del Drenaje".

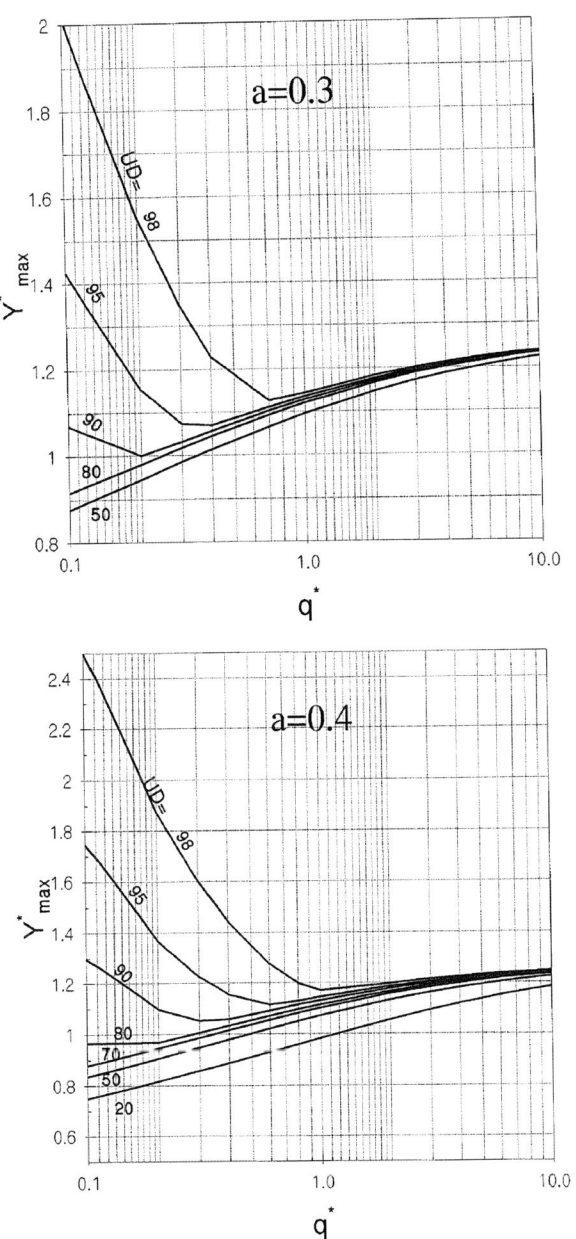

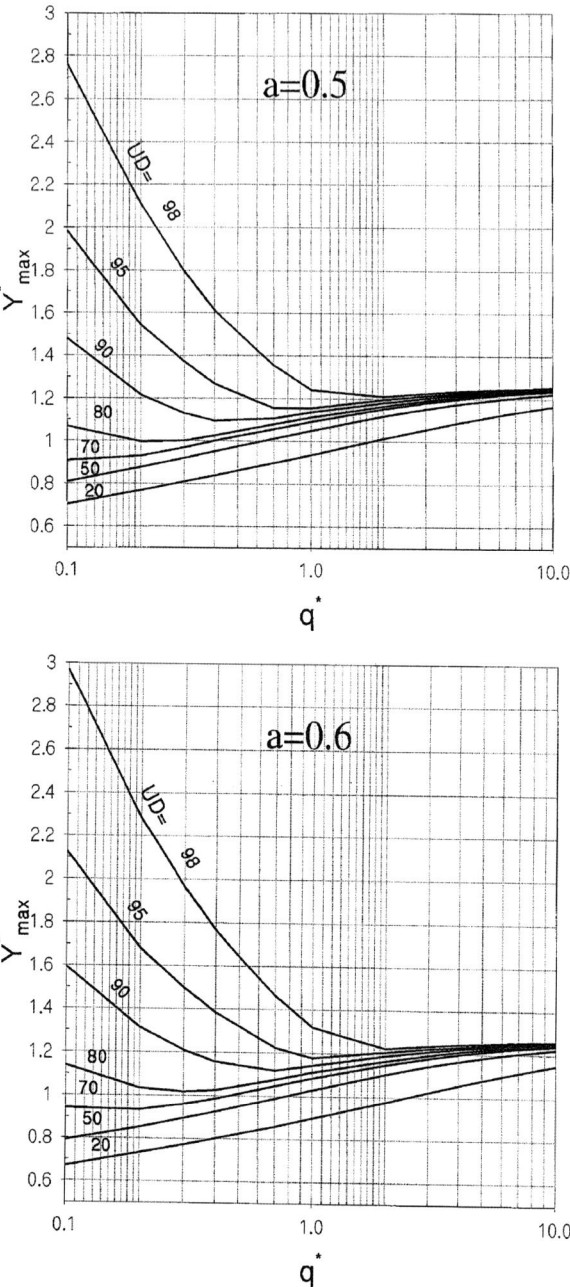

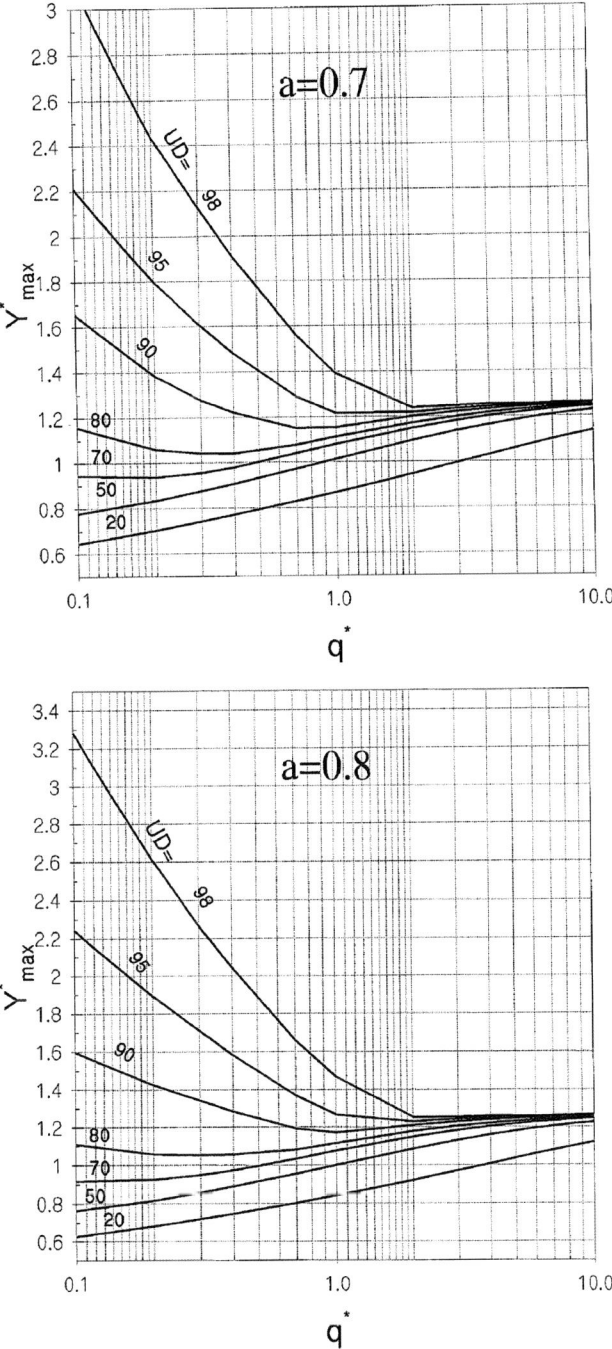

ANEXO IV. Riego por inundación.

Diagramas adimensionales L* (longitud adimensional o normalizada) -R (distancia avanzada por el agua adimensional o normalizada)

E. Camacho. Riego por superficie. Apuntes de la asignatura "Ingeniería del Riego y del Drenaje".

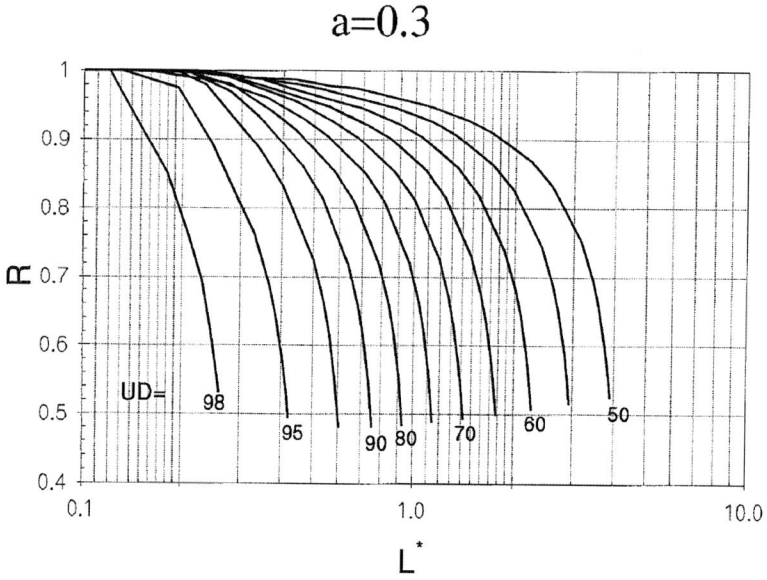

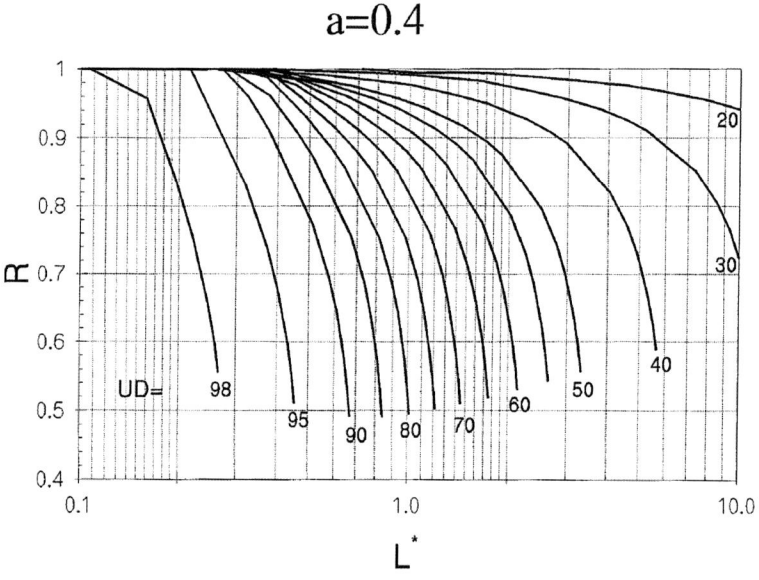

a=0.5

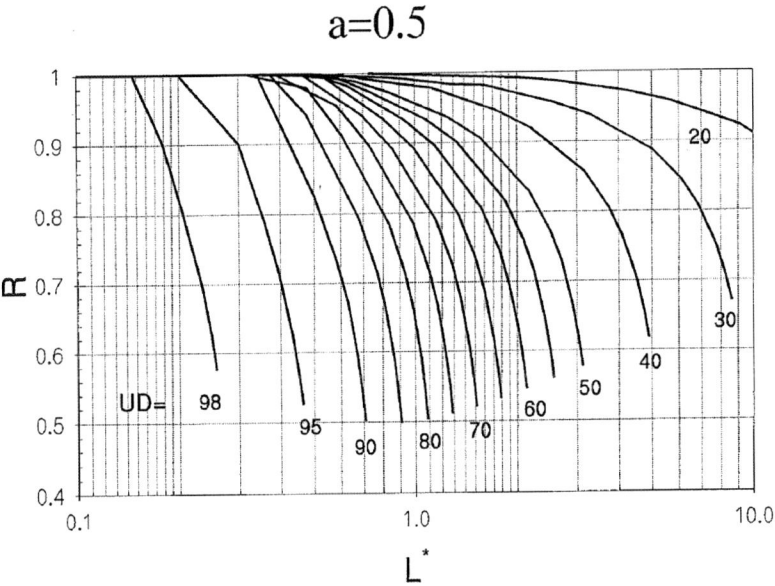

a=0.6

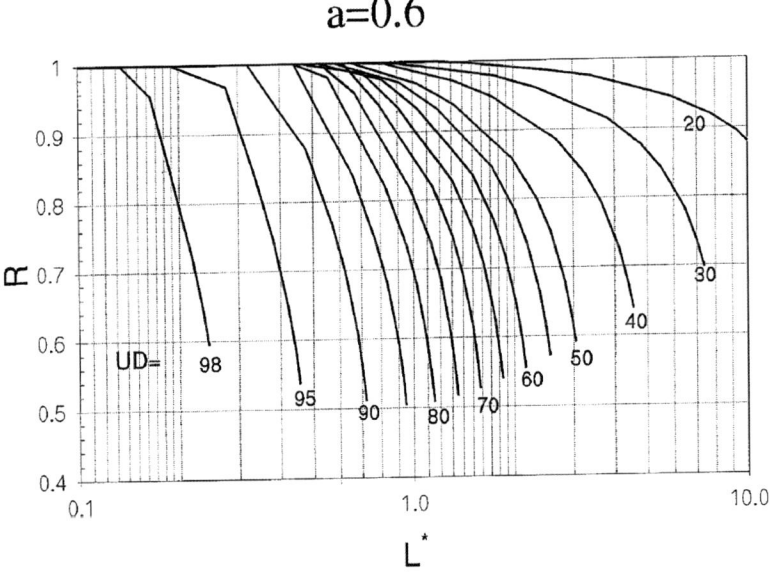

a=0.7

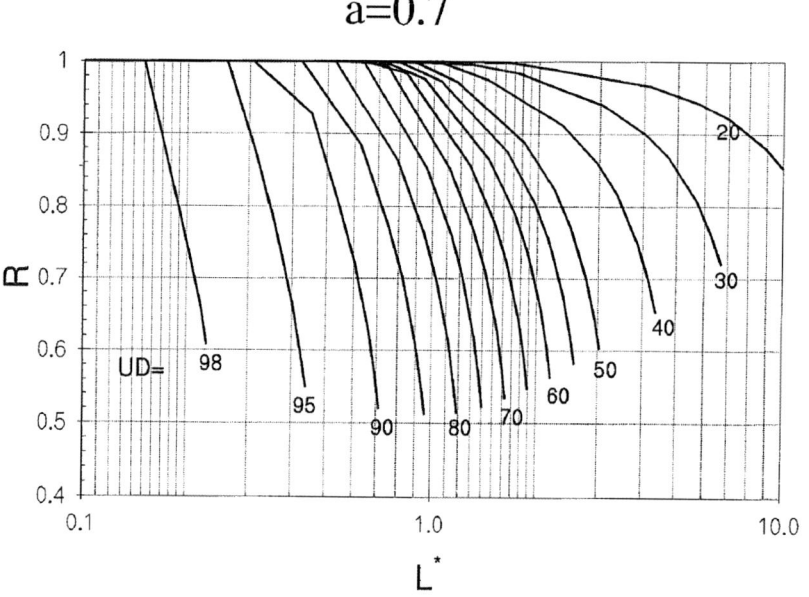

a=0.8

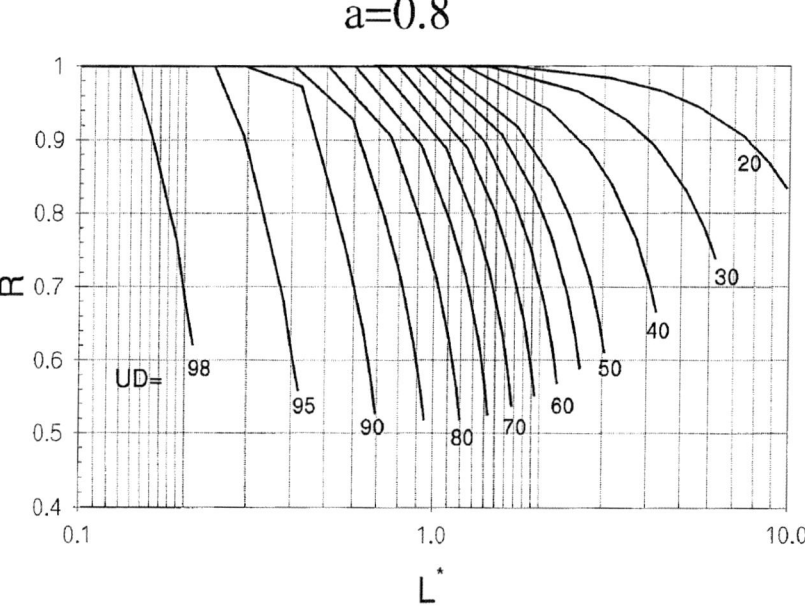

ANEXO V. Riego por escurrimiento.

Diagramas adimensionales t_{co}^{*} (tiempo de corte del riego adimensional o normalizado) – x_{max}^{*} (distancia máxima de avance adimensional o normalizada)

E. Camacho. Riego por superficie. Apuntes de la asignatura "Ingeniería del Riego y del Drenaje".

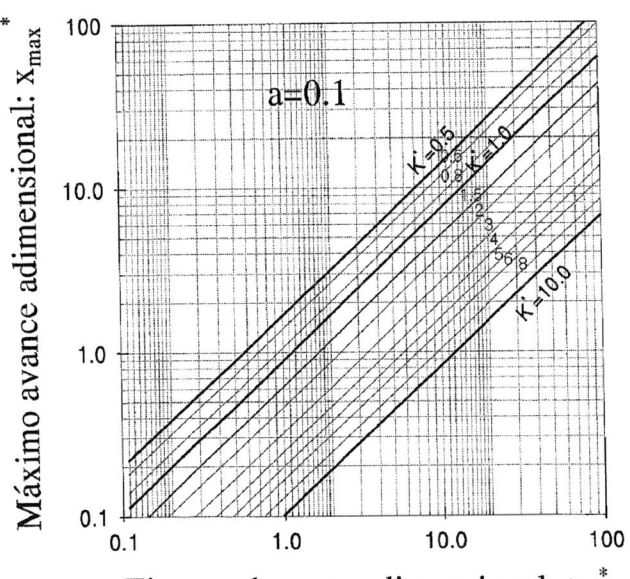

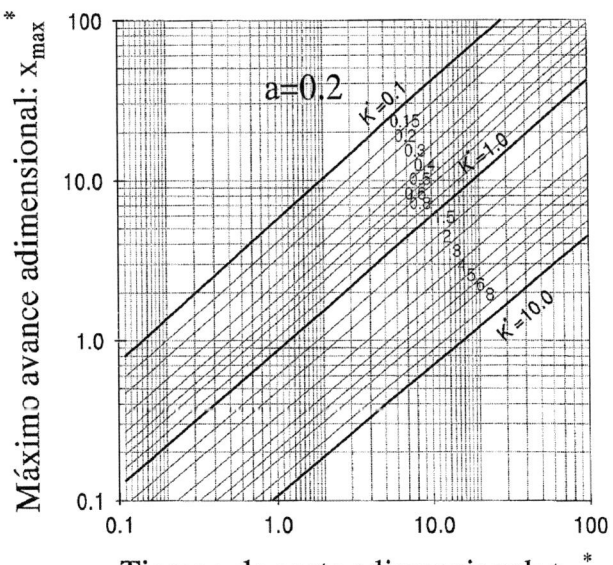

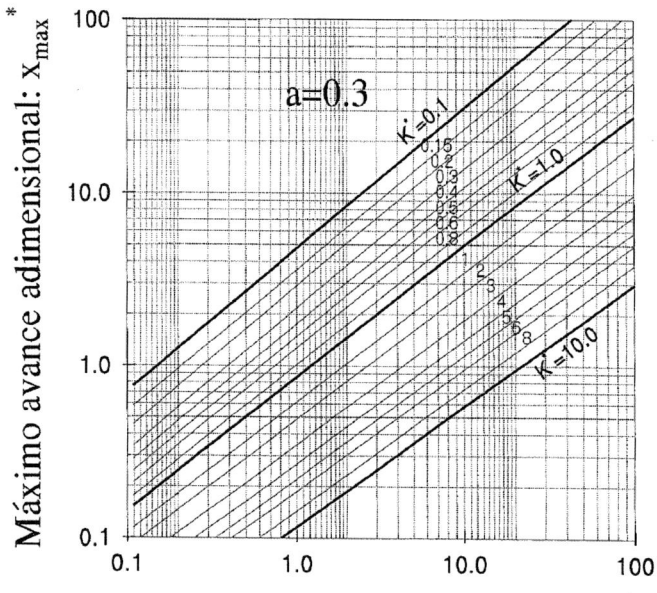

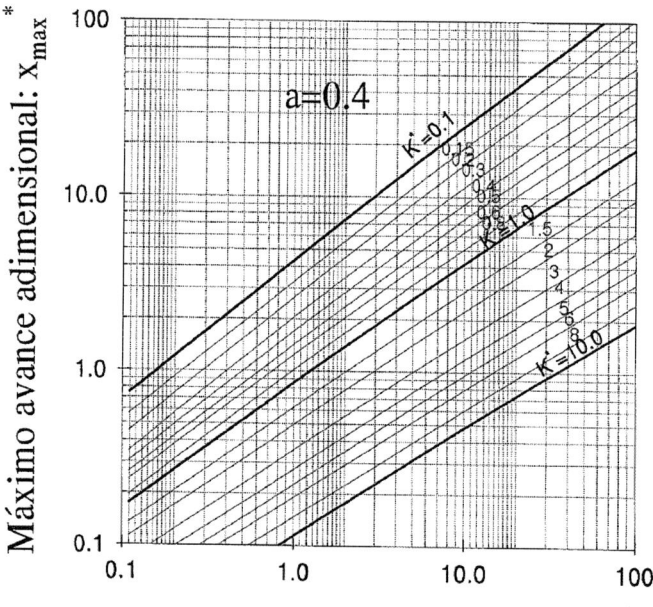

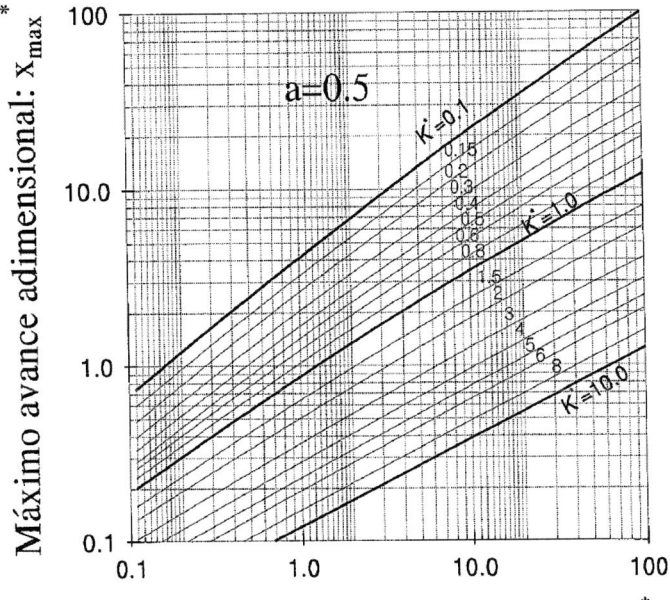

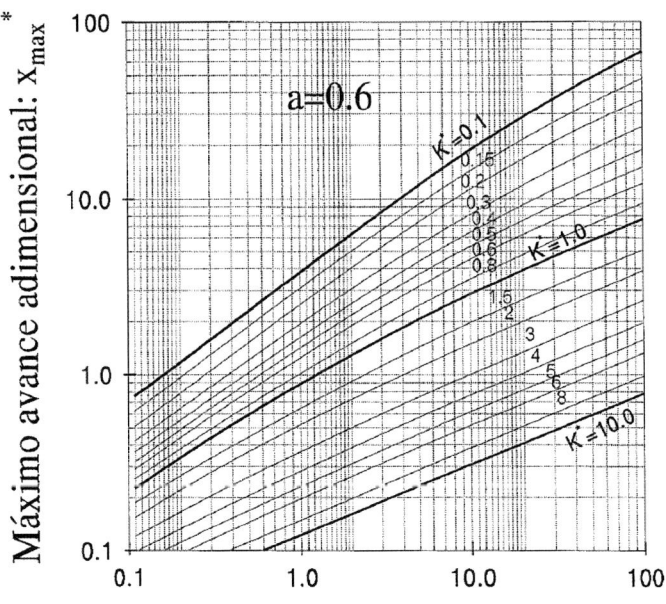

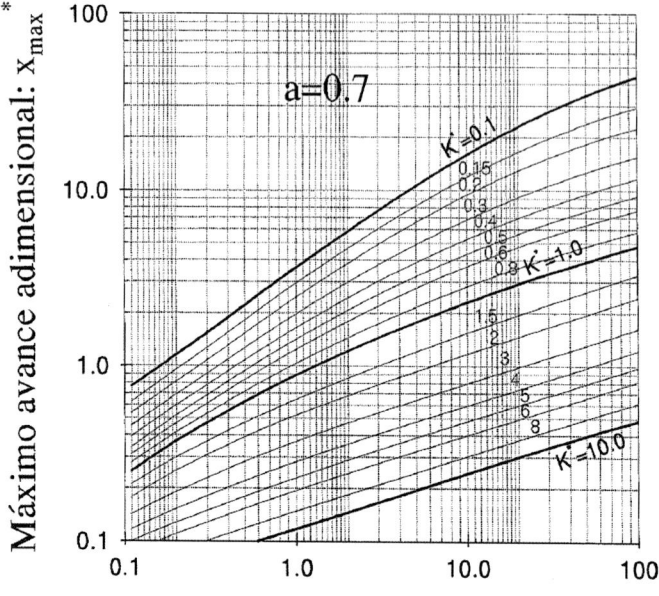

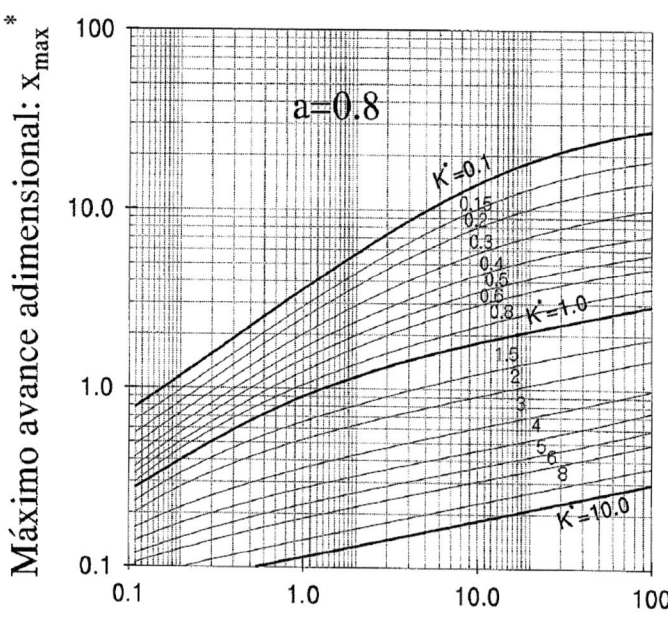

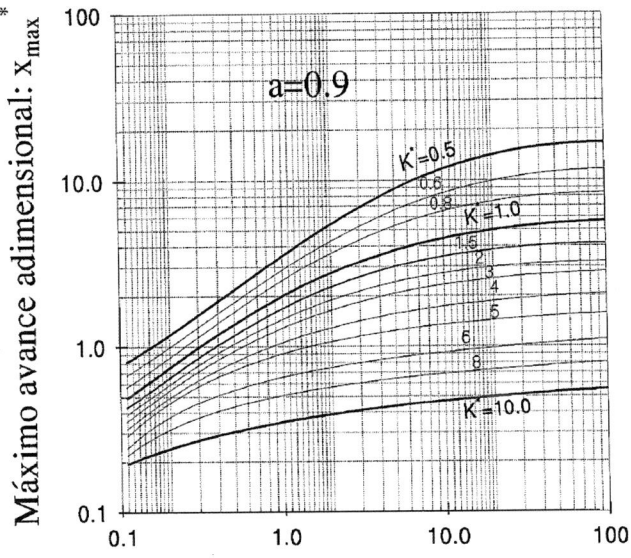

ANEXO VI. Riego por escurrimiento.

Diagramas adimensionales t_{co}^{*} (tiempo de corte del riego adimensional o normalizado) – α (factor de forma)

E. Camacho. Riego por superficie. Apuntes de la asignatura "Ingeniería del Riego y del Drenaje".

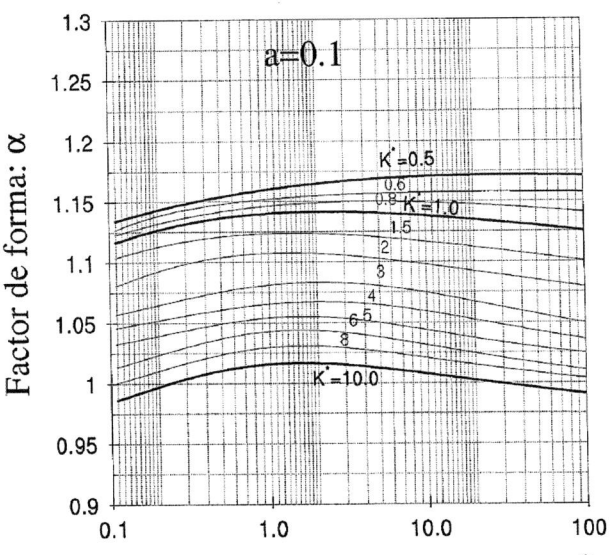

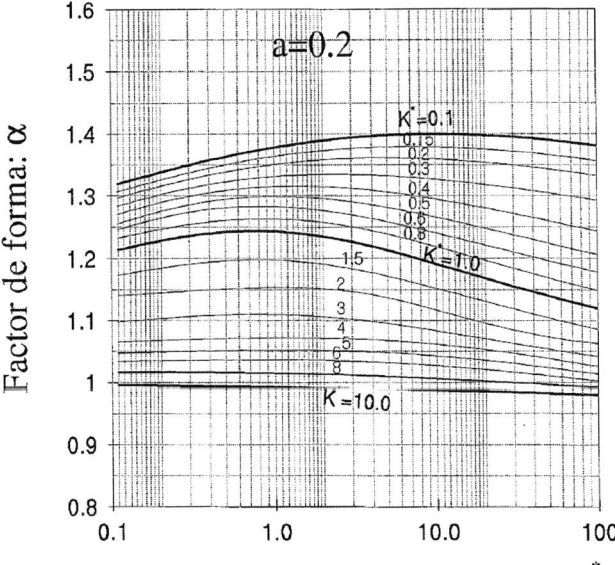

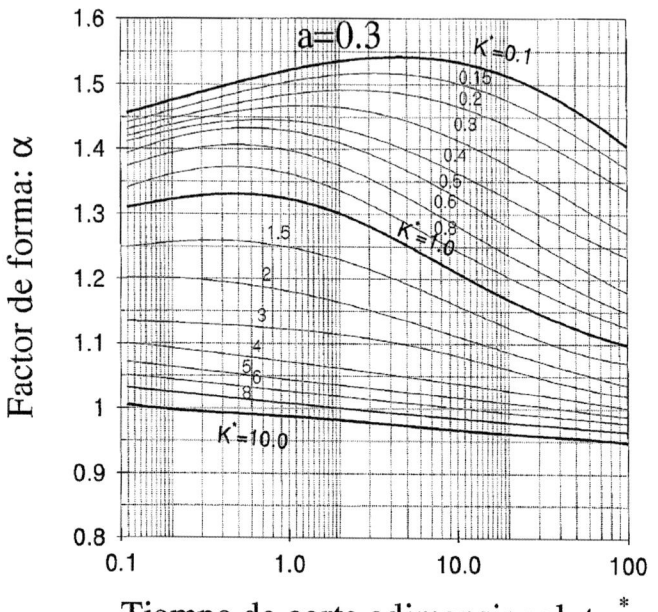

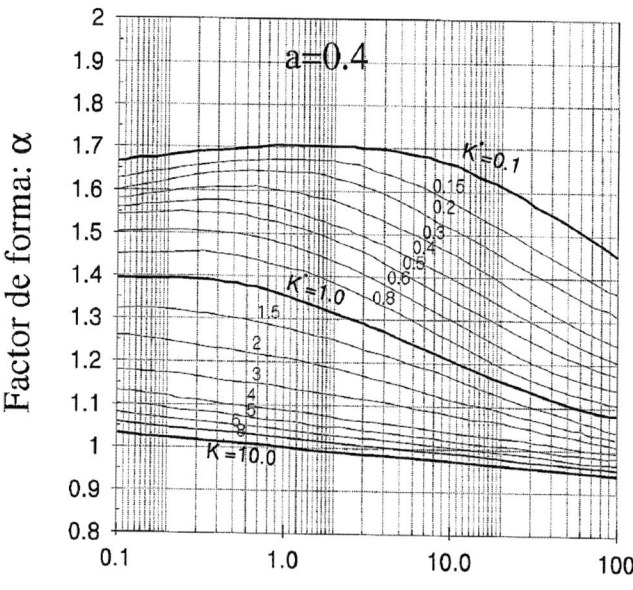

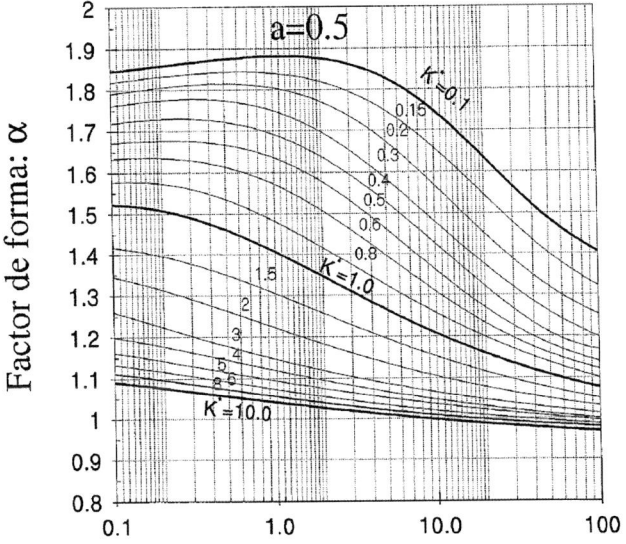

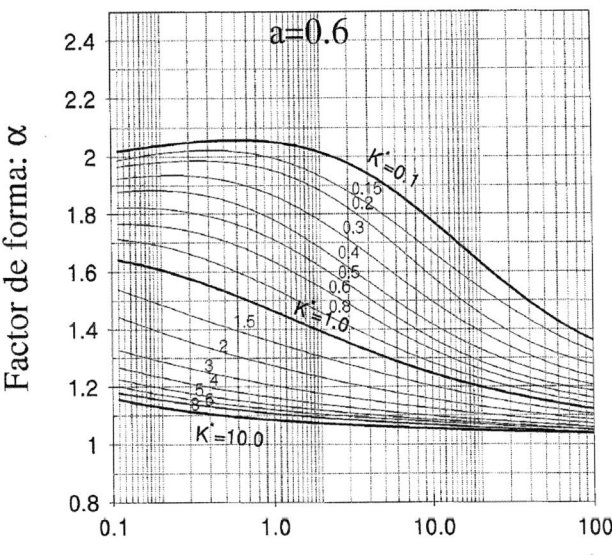

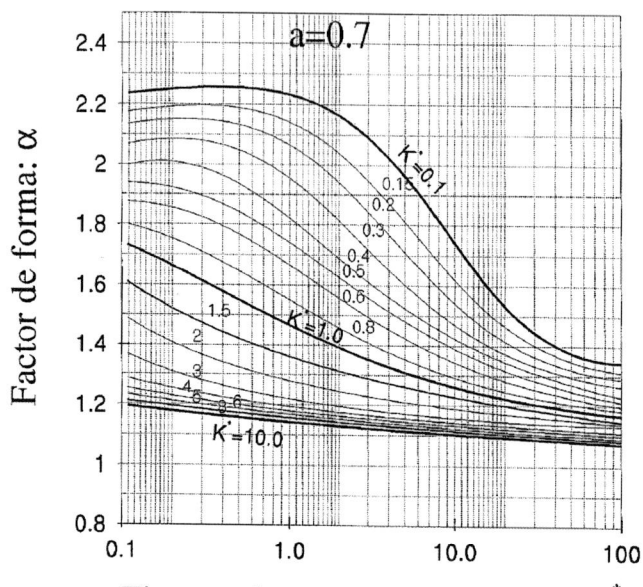

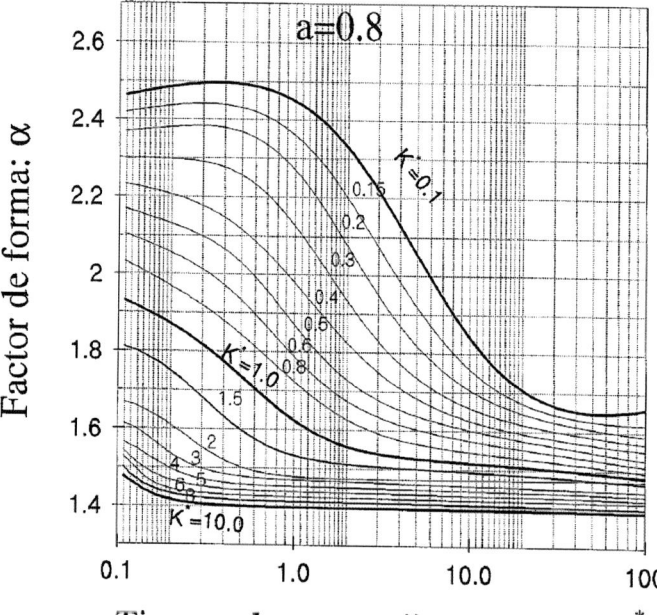

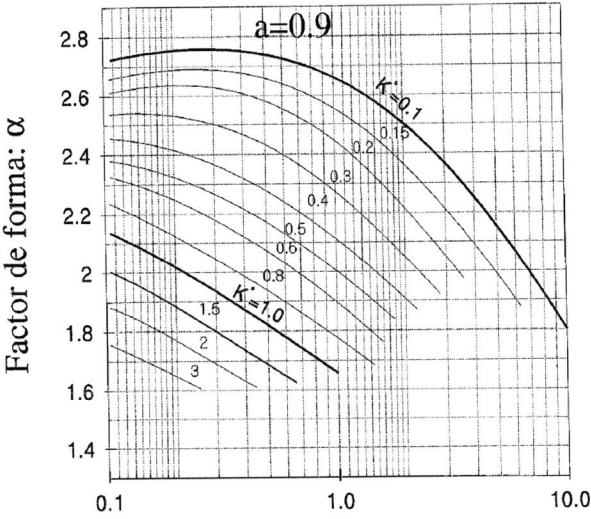

ANEXO VII. Riego por aspersión.
Diagrama de operación

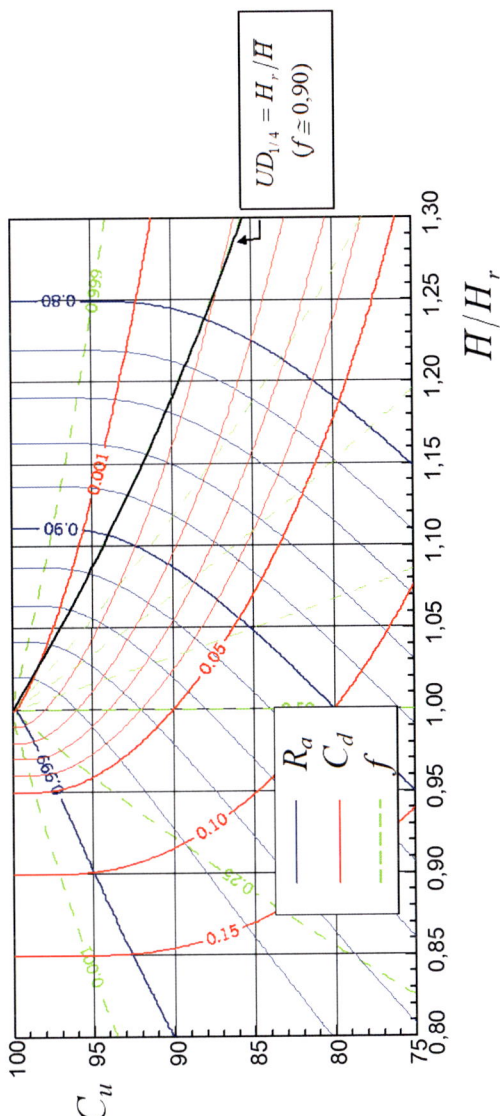

Figura VII.1. Diagrama de operación en riego por aspersión
(Losada A. 2005. El riego II: Fundamentos de su hidrología y su práctica.
Mundi-Prensa. Madrid)

ANEXO VIII. Riego localizado.
Diagrama de Wu

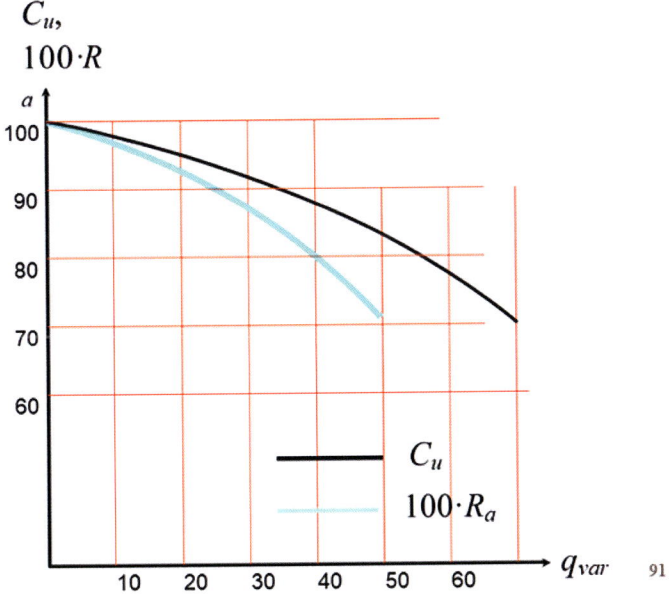

Figura VIII.1. Diagrama de Wu
(Losada A. 2005. El riego II: Fundamentos de su hidrología y su práctica.
Mundi-Prensa. Madrid)

ANEXO IX. Diagrama de Moody

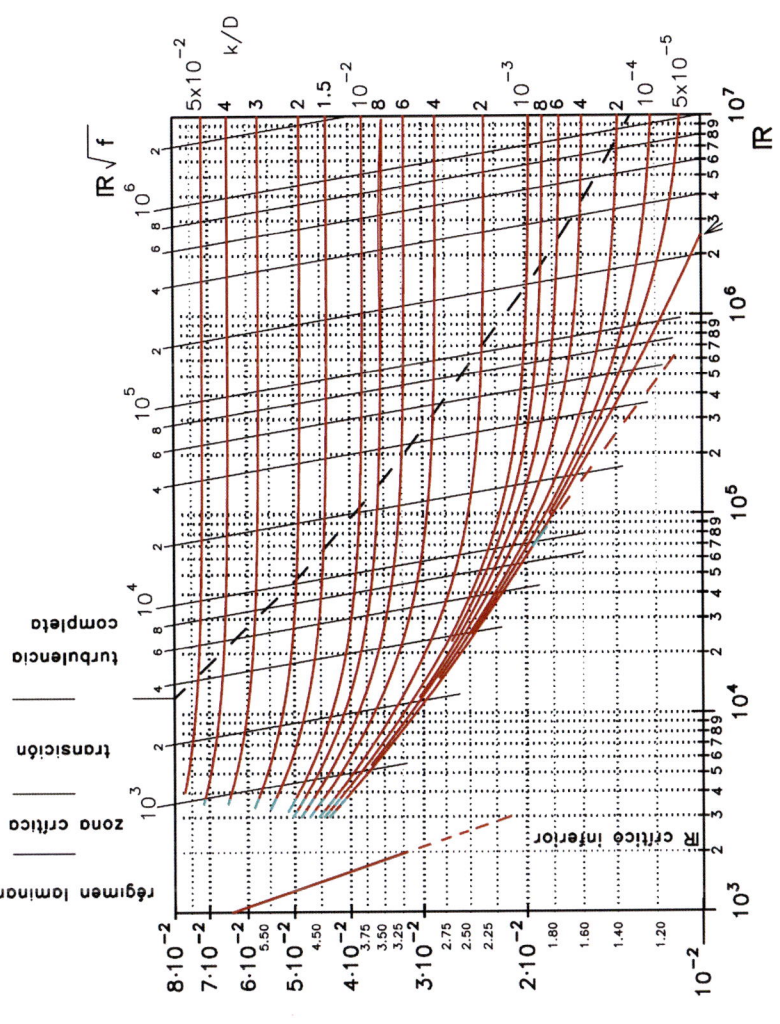

Figura IX.1. Diagrama de operación en riego por aspersión
(Losada A. 2000. El riego: Fundamentos hidráulicos. 3ª edición.
Mundi-Prensa. Madrid)

ANEXO X. Drenaje.

Valores de d en función de L y D, con r=0,10 m

Tabla X-1. Valores de d en función de L, D con r=0,10 m (J. Roldán. Fundamentos del drenaje. Apuntes de la asignatura "Ingeniería del Riego y del Drenaje")

L →	5 m	7,5	10	15	20	25	30	35	40	45	50
D											
0,5 m	0,47	0,48	0,49	0,49	0,49	0,50	0,50	→			
0,75	0,60	0,65	0,69	0,71	0,73	0,74	0,75	0,75	0,75	0,76	0,76
1,00	0,67	0,75	0,80	0,86	0,89	0,91	0,93	0,94	0,96	0,96	0,96
1,25	0,70	0,82	0,89	1,00	1,05	1,09	1,12	1,13	1,14	1,14	1,15
1,50		0,88	0,97	1,11	1,19	1,25	1,28	1,31	1,34	1,35	1,36
1,75		0,91	1,02	1,20	1,30	1,39	1,45	1,49	1,52	1,55	1,57
2,00			1,08	1,28	1,41	1,50	1,57	1,62	1,66	1,70	1,72
2,25			1,13	1,34	1,50	1,69	1,69	1,76	1,81	1,84	1,86
2,50				1,38	1,57	1,69	1,79	1,87	1,94	1,99	2,02
2,75				1,42	1,63	1,76	1,88	1,98	2,05	2,12	2,18
3,00				1,45	1,67	1,83	1,97	2,08	2,16	2,23	2,29
3,25				1,48	1,71	1,88	2,04	2,16	2,26	2,35	2,42
3,50				1,50	1,75	1,93	2,11	2,24	2,35	2,45	2,54
3,75				1,52	1,78	1,97	2,17	2,31	2,44	2,54	2,64
4,00					1,81	2,02	2,22	2,37	2,51	2,62	2,71
4,50					1,85	2,08	2,31	2,50	2,63	2,76	2,87
5,00					1,88	2,15	2,38	2,58	2,75	2,89	3,02
5,50						2,20	2,43	2,65	2,84	3,00	3,15
6,00							2,48	2,70	2,92	3,09	3,26
7,00							2,54	2,81	3,03	3,24	3,43
8,00							2,57	2,85	3,13	3,35	3,56
9,00								2,89	3,18	3,43	3,66
10,00									3,23	3,48	3,74
∞	0,71	0,93	1,14	1,53	1,89	2,24	2,58	2,91	3,24	3,56	3,88

Tabla X.1 Valores de d (r=0,10 m) (continuación)

L →	50 m	75	100	150	200	250
D						
0,5 m	0,50					
1,0	0,96	0,97	0,98	0,99	0,99	0,99
2,0	1,72	1,80	1,85	1,90	1,92	1,94
3,0	2,29	2,49	2,60	2,72	2,79	2,83
4,0	2,71	3,04	3,24	3,46	3,58	3,66
5,0	3,02	3,49	3,78	4,12	4,31	4,43
6,0	3,23	3,85	4,23	4,70	4,97	5,15
7,0	3,43	4,14	4,62	5,22	5,57	5,81
8,0	3,56	4,38	4,95	5,68	6,13	6,43
9,0	3,66	4,57	5,23	6,09	6,63	7,00
10,0	3,74	4,74	5,47	6,45	7,09	7,53
12,5		5,02	5,92	7,20	8,06	8,68
15,0		5,20	6,25	7,77	8,84	9,64
17,5		5,30	6,44	8,20	9,47	10,4
20,0			6,60	8,54	9,97	11,1
25,0			6,79	8,99	10,7	12,1
30,0				9,27	11,3	12,9
35,0				9,44	11,6	13,4
40,0					11,8	13,8
45,0					12,0	13,8
50,0					12,1	14,3
60,0						14,6
∞	3,88	5,38	6,82	9,55	12,2	14,7